10대를 위한 4차 산업혁명 시대 주인으로 살기

10대를 위한
4차 산업혁명 시대
주인으로 살기

김희용 지음

4차 산업혁명 시대에 주인으로 살고 싶은 10대에게

4차 산업혁명 시대에 미래는 어떻게 변할까요? 4차 산업혁명 시대는 인공지능이 물처럼 공기처럼 모든 분야에 활용되는 시대입니다. 기존의 여러 산업들이 초고속의 정보통신기술로 연결되고 융합되는 사회가 됩니다.

4차 산업혁명 시대에는 인간이 인공지능에 대체되지 않도록 인공지능이 갖고 있지 않은 능력을 키우는 것이 중요합니다. 그러기 위해서는 자기가 하고 싶은 일과 잘할 수 있는 일을 알고 스스로 공부해야 합니다. 다양한 분야의 경험과 독서를 하고 협업과 놀이를 통해서 다른 사람과 공감할 수 있어야 합니다. 여기에서 미래를 예측하는 사고와 창의성이 생겨납니다.

코딩교육 같은 실질적인 디지털 교육도 필요합니다. 인공지능 시대를 살기 위해서는 컴퓨터와 IT 기술을 이해하고 활용하는 능력이 중요합니다. 자신만의 전문성도 갖추어야 합니다. 이러한 전문성을 바탕으로 하면서 다양한 분야의 융합과 소통능력을 갖춰야 인공지능으로 대체되지 않는 미래에 필요한 창의적인 인재가 됩니다.

미래를 주도적으로 살아가는 방법은 미래를 스스로 준비하고 만들어가는 겁니다. 새로 등장할 직업의 세계를 미리 알고 남보다 한발 앞서 준비한다면 미래가 필요로 하는 인재로 성장하고, 자신의 미래를 구체적으로 그리며 원하는 삶을 살 수 있게 됩니다.

그런 관점에서 이 책은 오랜 기간 과학기술정책평가연구기관에 근무하면서 과학기술의 발전 성과를 지켜보고 기업기술가치평가사, 과학기술 앰배서더로서 활동한 경험을 바탕으로 앞으로 유망기술발전에 따라 나타날 미래 직업을 제시했습니다. 각 분야의 권위 있는 과학자들이 참여한 한국과학기술기획평가원의 미래기술 예측, MIT의 미래 유망기술, 그리고 UN 미래보고서 및 OECD의 자료를 면밀히 분석하여 미래 유망기술 및 직업을 예상해 본 것입니다.

과학기술 분야에 대한 초등, 중등, 고등 학생들의 진로 탐색 및 설계를 지원하는 과학기술진로 컨설턴트로서 다년간 활동한 경험에 비추어 미래에 좋은 직업을 얻기 위해 무엇을 어떻게 준비해야 하는지도 함께 실었습니다.

4차 산업혁명 시대에 주인으로 살기 위해 노력하는 모든 10대들에게 조금이나마 도움이 되기를 바랍니다.

미래기술직업 캐스터 김희용

Contents

1

4차 산업혁명 시대,
어떤 미래가 기다릴까?

4차 산업혁명 시대,
어떤 미래가 기다릴까?

4차 산업혁명으로 나의 일상이 완전히 달라졌다.

내가 살 집을 3D 프린터로 일주일 만에 만들었다. 아침에 일어나니 인공지능 비서가 오늘 할 일을 알려준다. 인공지능 의사는 수면 중에 나의 건강상태를 분석하여 벽에 있는 스크린에 보여준다.

아침식사는 요리사 로봇이 내 취향에 맞게 준비해 놓았다. 어젯밤에 주문한 물건이 로봇과 드론 택배로 현관 앞에 도착해 있다.

인공지능 비서가 오늘 날씨와 나의 스타일을 고려하여 추천해 준 의상을 3D 프린터로 만들어 입고 집을 나설 채비를 한다. 인공지능 비서가 집 앞으로 호출한 공유 자율 주행차를 타고 역에 내려서 하이퍼루프(진공 튜브 초고속열차)로 환승한다. 이 기차를 타고 서울에서 부산까지 20분 만에 도착했다. 도착 장소에서 인공지능 비서가 호출한 자율 주행차를 타고 연구소로 향했다. 인공지능이 신소재를 개발했기 때문이다. 인간이 2년에 걸려야 만들 수 있는 신소재를 먹지도 자지도 않고 일하는 인공지능이 며칠 만에 개발했다.

점심시간이다. 알약으로 간단히 해결할 수 있지만 스마트워치가 맛집을 추천한다. 날씨와 기분, 일정과 주변 환경 등 나의 빅데이터를 분석한 메뉴이다.

일을 마치고 집에 돌아와서 요즘 유행인 파란 눈동자로 바꾸고 싶어 물에 유전자 교정 단백질을 섞어 마셨다. 이는 유전자 가위로 만든 것이다.

자기 전에 간 화장실에서 건강이 체크되어 주치의에게 원격으로 전달된다. 주치의가 이를 분석한 후 제약회사에 전달하면 필요한 약을 제조해 드론과 배송 로봇이 집으로 배달해 준다.

10년 뒤 우리가 살아갈 세상은 어떻게 바뀔까요? 위의 이야기는 앞으로 펼쳐질 우리의 미래 세상입니다. 과학기술이 발전하면서 미래는 예상할 수 없을 정도로 빠르게 발전할 겁니다. 공상과학 만화에 나오는 것처럼 지금까지와는 전혀 다른 세상이 될 거예요.

4차 산업혁명 시대는 기존의 제조업에 정보통신기술(ICT) 산업이 융합되는 새로운 시대입니다. 4차 산업혁명이 바꿔 놓을 우리의 일상이 일부는 이미 현실로 다가왔습니다. 지금은 모든 영역이 상호작용하면서 과거와는 차원이 다른 혁신이 일어나고 있습니다. 전통적인 제조 · 금융업에서 IT 기업, 플랫폼 및 데이터 경제 기업들로 주류가 바뀌고 있고 일자리에도 많은 변화가 생기고 있습니다.

4차 산업혁명 시대에 유망한 기술과 직업

4차 산업혁명 시대의 가장 유망하고 필요한 기술은 인공지능, 로봇, 빅데이터, 바이오헬스, 클라우드 및 디지털 플랫폼입니다. 4차 산업혁명 시대에는 정보통신기술이 경제 사회 전반에 융합되어 혁신적인 변화가 일어납니다. 이에 따라 IT 및 인공지능 관련 기업들이 주류로 떠오르게 되고 일자리도 많은 변화가 생깁니다. 단순 반복적인 일을 하는 사무직은 인공지능 로봇으로 대체되고, 기계적인 일 가운데 하나인 운전기사도 무인 자율 주행차가 출시되면 서서히 사라질 것입니다. 사회 · 경제적으로 안정된 직업인 의사, 변호사, 약사, 회계사, 교사 등도 인공지능 로봇과 경쟁하거나 인공지능 로봇으로 대체될 수 있습니다.

반면에 인간의 섬세함과 창의성이 요구되는 직업은 계속 살아남을 것입니다. 새로운 트렌드를 개척하는 디자이너, 3D 프린팅 전문가, 예술가, 운동선수, 연예인 등은 인간의 진정한 능력이 꼭 필요한 일자리로, 기술이 대체할 수 없는 창조적인 산업에 종사하는 직업입니다. 미래에 어떤 직업은 사라지지만 새로운 직업이 생기고 또 어떤 직업은 합쳐지고 협업하여 새로운 형태로 재창조될 것입니다.

직업과 삶을 바꾸는 기술 혁신

프랑스의 경제학자 세이(Jean Baptiste Say)는 기술이 발전하면 생산성이 높아지고 상품 가격이 하락하여 상품 수요가 증가하게 되고 따라서 생산과 고용이 증가할 것으로 보았어요. 종말 시리즈로 유명한 리프킨(Jeremy Rifkin)은 1994년에 《노동의 종말》에서 인공지능과 자동화로 인간의 노동이 줄어들고 저임금, 임시 일자리만 새로 만들어질 거라고 했습니다.

그러나 역사적으로 보면 기계와 자동화에 의한 인간 노동의 대체는 일시적인 현상이었어요. 오히려 장기적으로 볼 때 기술 진보는 일자리를 늘렸습니다. 20세기에는 전화, 전기, 세탁기, 냉장고, 자동차 등으로 우리의 삶이 바뀌었습니다. 가사 노동이 줄어들어 여성들의 사회진출이 활발해졌고 많은 사람들이 여가와 오락을 누릴 수 있게 되었습니다.

새로운 상품에 대한 수요는 곧 생산 증가와 고용 증가로 이어졌고 새로운 제품과 관련된 새로운 직업들이 나타났습니다. 20세기 후반과 21세기 초반에도 PC, 인터넷, 이동통신, 스마트폰과 같은 제품들이 우리의 삶을 변화시켰고 프로그래머와 같은 새로운 직업들이 나타났습니다. 이렇게 새로운 기술혁신은 고용을 창출시키고 직업의 구성도 변화시키죠.

새로운 생산방법은 기존의 임금보다 더 적은 비용이 들어갈 때 본격적으로 도입됩니다. 이 경우 기존의 노동을 대체하는 효과가 나타납니다. 예를 들면 은행에서 ATM기를 도입할 때 사람들은 은행의 고용이 감소할 것으로 예측했습니다. 그러나 ATM기 도입으로 지점 운영 비용이 절감되어 오히려 지점이 확대되었습니다. 지점이 늘어나면서 고용은 증가하였고 은행 직원들은 단순 입출금 업무에서 벗어나 다양한 금융 서비스를 고객에게 제공하게 되었습니다.

3차 산업혁명은 컴퓨터, 인터넷이 기술을 주도했습니다. 여기서 한 단계 더 진화한 것이 4차 산업혁명입니다. 2016년 세계경제포럼에서 언급된 후, 정보통신기술 ICT 기반의 새로운 산업 시대를 대표하는 용어가 되었어요. 4차 산업혁명의 핵심은 초고속 기술, 초연결과 융복합입니다.

인공지능, 사물인터넷(IoT), 빅데이터 등 지능정보기술이 기존 산업과 서비스에 융합되거나 3D 프린팅, 로봇공학, 헬스케어 등 여러 분야의 신기술과 결합되어 세계 모든 제품 · 서비스를 네트워크로 연결하고 사물을 지능화합니다. 따라서 우리는 4차 산업혁명 시대의 변화에 대비해야 합니다. 4차 산업혁명은 1, 2, 3차 산업혁명과는 비교도 할 수 없을 정도로 빠르게 사회를 변하게 할 것이며 그 파급력은 이전의 산업혁명보다 어마어마하게 클 것입니다.

이러한 미래를 대비하기 위해 세계 여러 나라들은 새로운 차세대 교육 방법에 골몰하고 있습니다. 지금부터 4차 산업혁명 시대를 대비하지 않으면 전 세계 아이들과의 일자리 경쟁에서 밀릴 수밖에 없습니다. 4차 산업혁명과 함께 미래 일자리 지도에는 말 그대로 지각변동이 일어나고 있습니다.

구글이 선정한 미래학 분야 최고의 석학이자 '미래학의 아버지'로 불리는 토머스 프레이는 "2030년 20억 개 일자리가 사라질 것"이라고 했고, 세계적인 기술 미래학자 제임스 캔턴은 "2025년 무렵의 직업 가운데 70%는 아직 나타나지 않았다."고 했습니다. 앞으로 10년도 채 남지 않았습니다. 그 기간 동안 무려 70%의 직업이 지금과 전혀 다른 양상으로 나타나고 사라질 것이라는 관측입니다.

미래 직업 사회가 변화한다

스페이스엑스·테슬라모터스의 CEO 일론 머스크는 국제기구 정상 회의(World Government Summit)에서 "미래는 인공지능(AI)의 상용화로 인류의 20%만이 의미 있는 직업을 갖게 될 것"이라고 전망했습니다. AI로 인해 현존하는 일자리의 상당 부분이 없어질 거란 말이에요.

영국 옥스퍼드대학교 연구팀은 2033년까지 현재 직업의 47%가 사라질 것이라고 예측했습니다. 일본의 경영컨설턴트 스즈키 타카히로는 자신의 책 《직업소멸》에서 "30년 후에는 대부분의 인간이 일자리를 잃고 소일거리나 하며 살 것"이라고 전망했지요.

한국고용정보원도 현재 사람이 수행하는 업무의 상당 부분이 쓸모없어질 것이라는 연구 결과가 나왔습니다. 2030년 국내 398개 직업이 요구하는 역량 중 84.7%는 AI가 인간보다 낫거나 같을 것이라고 합니다. 비교적 전문영역으로 꼽혔던 의사 70%, 교수 59.3%, 변호사 48.1% 등의 역량도 대부분 AI로 대체될 것이란 설명입니다.

미래에 이처럼 많은 일자리가 사라지는데, 더 큰 문제는 이러한 직업의 감소가 서서히 이루어지는 것이 아니라 어느 날 갑자기 증발해 버린다는 사실입니다. 미국에서 1880년대에 처음 등장한 엘리베이터 도우미는 1950년대 12만 명으로 정점을 찍었습니다. 그러나 1960년대 6만 명으로 반 토막 난 뒤 얼마 후 사라져 버렸습니다. 이와 비슷한 일이 조만간 운수산업에서도 일어날 전망입니다. 자율 주행 기술의 개발로 운전기사라는 직업이 증발해 버릴 것이라는 예측입니다.

AI 의사, AI 변호사 등 인간의 능력을 뛰어넘는 인공지능 로봇의 등장으로 의사, 변호사 등의 전문직도 일자리 급감이라는 위기 상황에 직면할 것입니다. 물론 일자리 자체가 사라지지는 않겠지만, 숫자가 줄고 역할이 크게 달라질 거예요.

이미 의료계에선 AI 의사 왓슨의 도입으로 인간 의사의 역할이 크게 변화하고 있습니다. 2016년 가천대 길병원이 국내 처음 도입한 왓슨은 수십만 명의 환자 데이터와 수많은 의학 자료를 갖고 있습니다. 인간 의사는 도저히 따라갈 수 없는 방대한 지식의 양입니다. 빅데이터를 바탕으로 왓슨은 단 8초 만에 환자에 대한 진단과 처방을 내립니다. 왓슨과 함께 일해 온 가천대 길병원 신경외과 · 뇌과학 연구소 교수는 "AI 도입 후 의사의 역할이 완전히 달라졌다."면서 "과거엔 의사 개인의 임상 경험과 의학 지식만으로 진단하고 처방을 내렸지만 이제는 왓슨을 활용함으로써, 환자와 소통하고 정서적 유대를 형성하는 의사의 역할이 더욱 중요해졌다."고 했습니다.

4차 산업혁명 시대에는 어떤 일이 벌어질까?

전 세계에서 가장 빠른 속도로 변화하고 있는 우리나라는 미래 사회에 무슨 일이 일어날지 예측하는 것이 그만큼 더 어렵습니다. 과연 미래에는 어떤 일이 벌어질까요?

미국의 저명한 경영학자 피터 드러커(Peter Ferdinand Drucker)는 "미래를 예측하는 가장 좋은 방법은 미래를 만들어 가는 것"이라고 했습니다. 미래 사회에서 어떤 일이 벌어질 것인지를 생각해 보는 것은 미래 사회를 만들어 갈 수 있는 주도권을 확보한다는 측면에서 매우 중요한 의미가 있어요.

- **초고속 기술의 발전**

  5G를 넘어 6G 시대의 도래

- **인공지능과 초지능**

  로봇과 인공지능, 드론 활용, 기계의 자동화, 지능형 교통시스템

- **초연결 기술**

  정보통신 기술, 네트워크 기술, 모바일 기술의 발전, 데이터 처리 능력 향상

- **융합을 통한 창조**

  과학기술의 융복합화 증대, 신산업 · 신기술 등장, 산업의 융합

- **공유경제의 활성화**

  스마트폰, 빅데이터의 발전으로 필요한 사람들과 공유. 우버 택시, 에어비앤비 등

- **초고령화 및 기대수명 증가**

  실버산업 성장, 건강 증진, 의료산업의 고도화, 생명과학기술의 발달

- **인간 능력 확대**

  기계의 발전에 따른 인간 능력 강화, 인지과학 확대, 뇌 과학의 발달, 하이퍼루프 등 교통의 발달로 세계 1일 생활권

- **신소재, 나노기술의 발달**

  우주 시대 우주 경쟁의 재시작, 우주 공간의 상업적 가능성

- **지능 및 데이터 기반의 다양한 기술 혁신과 융합으로 새로운 가치 창출**

  높은 구조적 실업 및 불완전 고용, 고용 없는 성장 지속, 선진국 저성장 위험 지속 등의 변화가 20~30년 후에 전부 현실로 일어날지는 알 수 없습니다. 분명한 건 이러한 변화들이 우리의 삶과 미래에 직결되어 있다는 것이며, 미래에서 행복하고 의미 있는 삶을 살아갈 수 있도록 지금부터 준비해야 한다는 사실입니다.

인간의 삶을 바꿀 기술 변화

자율 주행차, 인공지능 의사, 로봇 드론 배송 같은 디지털 혁신을 이끌기 위해 우리가 모두 소프트웨어 엔지니어나 컴퓨터 과학자가 될 필요는 없습니다. 디지털 혁신은 기술을 어떻게 적용해야 하는지

그 방법을 찾아내는 일입니다. 과학자들은 빅데이터, 사물인터넷, 음성인식, 블록체인 등의 분야에서 생활 패턴을 바꾸어 놓을 변화가 있을 것으로 보고 있습니다.

• **빅데이터**

최근 인간의 삶에서 유례가 없을 만큼 많은 양의 데이터가 생산되고 있습니다. 소셜미디어 SNS에서 사람들이 인터넷을 사용한 후 남겨 놓은 디지털 기록까지 수많은 정보들이 매일매일 축적되고 있지요. 이 데이터는 상업적으로, 혹은 비상업적으로 큰 가치를 지니고 있습니다. 과거 이 데이터의 가치를 알아본 것은 몇몇 기업들과 전문가들입니다. 그러나 최근 빅데이터의 팽창은 거의 사회 전 분야에 걸쳐 과거 불가능했던 일을 가능하게 하고 있습니다. 다양한 형태의 플랫폼을 통해 이전에 볼 수 없었던 빅데이터 시스템이 대거 등장할 것으로 예상됩니다. 공공 부문, 보건복지, 화폐 등 정책 관련 각 분야에서, 에너지, 금융, 로봇 등의 산업 분야에서 빅데이터 비중이 더 커질 거예요.

• **사물인터넷**

책상, 냉장고, 세탁기, 자동차 등 세상에 존재하는 모든 사물들(Things)이 서로 인터넷에 연결된 것을 사물인터넷(Internet of Things)이라고 합니다. 영어의 머리글자를 따서 '아이오티(IoT)'

라고도 해요. 사물인터넷은 연결되는 대상이 책상이나 자동차처럼 유형의 사물에만 해당하지 않아요. 교실, 버스정류장 등의 공간은 물론, 편의점의 결제 프로세스 등 무형의 사물도 그 대상에 포함합니다.

사물인터넷은 사물들이 연결되어 새로운 서비스를 제공하는 것을 의미해요. 즉 두 가지 이상의 사물들이 서로 연결됨으로써 개별적인 사물들이 제공하지 못했던 새로운 기능을 제공하는 것입니다. 예를 들어 침대와 커튼이 연결되었다고 가정해 봅시다. 지금까지는 침대에서 일어나서 커튼을 열거나 닫아야 했지만, 사물인터넷 시대에는 침대가 사람이 자고 있는지 깨어 있는지를 스스로 인지한 후 자동으로 커튼이 열리거나 닫히게 할 수 있게 됩니다. 마치 사물들끼리 서로 대화를 함으로써 여러 가지 기능들을 처리하게 되는 것이죠.

앞으로는 집에서 사용하는 사물들뿐만 아니라 학교, 회사, 거리 등 어디서든지 사물인터넷을 이용할 수 있을 겁니다. 따라서, 우리 생활은 점점 더 편리해질 것이고요.

• 음성인식

인공지능은 사람의 말소리를 인식할 수 있어 대화가 가능한 수준에 이르렀습니다. 인공지능이 지원하는 기기들을 통해 매일 스케줄과 정보를 확인하고, 대화를 나누며 다양한 정보를 주고받는 일이 가능해질 것입니다.

• **블록체인**

블록체인은 데이터 분산 처리 기술입니다. 이 기술을 적용할 경우 은행 거래 내역을 중앙은행과 거래자 컴퓨터에 똑같이 저장할 수 있습니다. 거래장부 자체가 인터넷상에 개방되어 있고 수시로 검증이 이루어지기 때문에 원천적으로 해킹이 불가능합니다. 블록체인 기술은 메타버스에서도 활용하고 있어요.

4차 산업혁명 시대에 발전할 기술

인공지능
(AI)

나노기술
(Nano)

블록체인(Blockchain),
빅데이터(Big data),
바이오 관련 기술(Biotech)

로봇
(Robot)

클라우드 컴퓨팅
(Cloud Computing)

만물인터넷
(IOE, Internet of Everything)

데이터 사이언스
(Data Science)

소프트웨어(Software)
관련 기술,
센서솔루션 관련 기술

모든 기기의 컴퓨터화
(Edge Computing)

공유기술
(Uber 등)

이와 같은 기술이 발전하기 위해서는 해양, 항공우주, 환경 등 거대과학, 기초과학과 여러 산업이 함께해야만 합니다.

코로나19는 미래 직업에 어떤 영향을 줄까?

코로나19가 개인과 기업 그리고 국가의 일상을 바꾸어 놓았습니다. 사회적 거리 두기로 비대면이 보편화되어 온라인 쇼핑과 배달시장, 금융 및 비대면 교육시장이 급속하게 성장했습니다. 유통업계에서는 키오스크(무인 정보 단말기)를 활용한 주문 결제 시스템이 확대되고 있습니다. 은행, 보험, 증권 등 금융업에서는 모바일로 계좌 개설과 상품 가입이 가능해져 은행이나 금융업 지점이 줄어들고 있습니다. 교육 부문은 온라인 원격교육의 확대 등 새로운 형태의 교육시스템이 증가하고 있습니다. 대면으로 진단하고 진료하는 의료계에서도 코로나19 확산을 방지하기 위하여 원격진료를 허용하기 시작했습니다. 기업도 재택근무를 실시하여 온라인으로 업무를 하고 출장 대신 화상회의를 합니다.

이렇듯 코로나19로 수요가 폭발적으로 늘고 있는 산업은 대부분 비대면, 디지털 산업입니다. 코로나19는 4차 산업혁명 시대로 급격하게 변화시키고 있습니다. 인공지능 로봇, 빅데이터, 블록체인, 바이오헬스, 사물인터넷, 양자 컴퓨터 등을 활용하는 지금까지 없었던 새로운 직업들이 출현할 것입니다. 인공지능 원격진료 코디네이터, 빅데이터 분류분석가, 로봇 공연기획자, 블록체인 품질 엔지니어, 나노 의사, 공간 빅데이터 전문가, 인공장기 제작사 등 새로운 직업이 생겨날 것입니다.

글로벌 시장조사기관에서는 코로나19로 인공지능, 클라우드 등 디지털 경제가 급성장할 것으로 전망했습니다. 온라인 쇼핑, 원격진료 등 디지털 헬스케어, 온라인 교육, 온라인 게임, 온라인 영화 등 디지털 비즈니스가 급격히 늘어날 것이고 이와 관련한 직업도 증가할 것입니다.

반면에 코로나 사태로 위기를 겪고 있는 직업은 항공, 여행, 숙박, 외식, 엔진 자동차, 유류업 등입니다. 변화는 예고 없이 찾아옵니다. 직업 세계와 환경에도 급격한 변화가 나타납니다. 산업구조가 바뀔 때마다 직업의 생성과 소멸이 반복되었습니다. 전 세계적인 전염병으로 인하여 재택근무와 온라인 회의가 보편화되었고 이제는 유연

한 관점으로 진로와 직업 세계를 바라보아야 합니다.

코로나19 확산을 막기 위해 '확진자 앱'이 개발되어 전염병의 예방 및 확산을 막는 데 중요한 역할을 했습니다. 앱을 통해서 사물인터넷과 빅데이터를 사용하여 전염병을 모니터합니다.

코로나19로 인한 비대면 사회에서 우리의 일상을 살펴보면 재택근무를 실시하여 온라인으로 업무를 보고 화상회의를 하며, 배달 앱을 사용하여 식재료와 생활용품을 배달받고 모바일로 금융 업무를 합니다. 이제는 누구와도 접촉하지 않고 살 수 있는 세상이 도래했습니다.

기계가 편리한 세대는 이와 같은 비대면 서비스가 훨씬 더 편리하다고 합니다. 반면에 기계에 익숙하지 않은 노인 세대는 식당에서의 키오스크(무인 자동 단말기) 주문이나 스마트폰 사용이 어려워 기차표 예매, 병원 예약 등 디지털 문화에 적응하는 데 어려움이 있다고 합니다.

- **의료업계의 인공지능 기반 검사 및 진단, 건강 관리 서비스 증대**

  인공지능을 도입하여 질병을 검사하고 진단하는 수요가 증가할 것으로 예상됩니다. 의료 인공지능 시스템을 개발하는 인력과 호흡기를 통한 바이러스의 확산 우려로 의료 로봇 서비스도 확대될 것으로 예상됩니다.

• **온라인 교육 확대**

바이러스의 전염을 방지하기 위하여 학교의 정규 교과목까지 인터넷 강의가 도입되었습니다. 온라인 교육시스템 관리자, 개발자, 편집자 등이 많이 필요할 것이라 예상되고, 온라인 강사의 인기와 수요가 높아질 것으로 보입니다.

• **온라인 쇼핑과 배달시장의 급속한 성장**

온라인 쇼핑, 비대면 배송이 증가하고 있습니다. 주문한 물건을 배송해 주는 운송기사와 온라인 유통 종사자가 늘어날 것입니다. 우리나라도 드론 배송이 실행되면 드론 조종 및 관리자의 수요가 증가할 것이고 온라인 주문 앱들의 이용 증가로 앱 개발자, 디자이너, 관리자의 수요도 증대할 것입니다.

• **OTT 서비스의 수요 증가**

코로나19로 외출하지 않고 집안에서 지내는 시간이 많아져 게임 시간이 증가하였고 영화나 드라마 시청으로 넷플릭스 같은 OTT 서비스의 수요가 폭발적으로 늘었다고 합니다. 이와 관련된 온라인 게임 관련업과 영화, 드라마 관련 종사자도 증가할 것입니다.

코로나19는 사회변화를 가속화할 것이라 예상됩니다. 이미 개발되었지만 각종 규제로 인해 사용되지 못했던 여러 첨단기술들이 코로나19로 인하여 급격하게 일상생활에 파고들고 있습니다.

대표적으로 병원 원격진료가 제한적이지만 가능해졌습니다. 글로벌 기업들은 코로나 사태로 인한 경제위기 극복을 위해 4차 산업혁명을 가속화하고 기존산업을 빅데이터와 인공지능을 활용하여 산업의 스마트화를 더욱 빠르게 추진하고 있습니다.

인공지능은 의료, 법률 등 다양한 분야에서 활용되고 있습니다. 또한, 애플 시리, 아마존 에코, 마이크로소프트 코타나, 삼성전자 빅스비, SK텔레콤의 누구 등 정보통신 기업에서 인공지능이 상용화되었고 스마트폰에도 인공지능이 탑재되었습니다.

소비자 가전 전시회 CES를 비롯한 정보통신 관련 행사에 자동차 기업이 무인으로 진화되고 있는 자율 주행차를 선보이고 있습니다.

장기적인 안목과 통찰력이 모든 것을 결정한다

정치, 경제, 사회 지도자의 안목에 따라 기업과 세상이 요동칩니다. 부자가 되거나 성공을 하고 자신의 꿈을 이루는 데도 안목이 중요합니다. 자본이 없어도 안목 있는 사람에게는 기회가 옵니다. 귀인이 다가와 손을 내밉니다. 안목은 고위직에 오르거나 권력자가 되거나 부자가 되거나 성공한 후에 생기는 것이 아닙니다. 흔히 책을 1만 권 읽으면 귀신과도 통한다고 합니다. 1만 권의 책보다 한 사람의 훌륭한 스승을 만나는 것이 더 어렵다고 말합니다.

훌륭한 스승이나 멘토 없이 미래를 보는 안목을 키우려면 다양한 분야의 책을 읽고 경험을 쌓으며 많은 사람과 소통해야 합니다. 여기에서 공감과 생각하는 힘을 기를 수 있으며, 이를 통해 미래를 보는 통찰력이 생깁니다. 지금이 바로 변화하는 세상을 읽을 때입니다. 세상을 읽고 장기적인 안목으로 미래를 준비한 사람만이 미래의 당당한 주인공이 될 수 있습니다.

미래학자 피터 드러커는 "미래를 예측하는 가장 좋은 방법은 미래를 창조하는 것"이라고 했습니다. 미래는 결국 인간이 만들어 가는 것이므로 지금 어떻게 준비를 하고 어떤 노력을 하느냐에 따라 우리의 미래는 얼마든지 달라질 수 있습니다.

2

세상을 움직이기 시작했다

– 인공지능

세상을 움직이기 시작했다
– 인공지능

모든 분야에 활용되는 인공지능

4차 산업혁명 시대의 핵심은 인공지능입니다. 인공지능이 물처럼 공기처럼 모든 분야에 활용되는 세상입니다. 컴퓨터가 인간의 지능적인 행동을 모방할 수 있도록 하는 것을 인공지능이라고 합니다. 인공지능은 인간처럼 생각하고 말할 수 있는 고성능 컴퓨터입니다. 인공지능은 빅데이터를 기반으로 하여 새로운 결론을 내릴 수 있습니다.

인공지능 기술은 4차 산업 기술 분야에 모두 적용이 가능하고 여러 분야에서 인공지능을 도입하여 활용하고 있습니다. 미국의 빌게이츠와 구글, 애플, 메타(구 페이스북) 등의 회사들은 이미 오래 전부터 인공지능을 주목하기 시작했습니다. 빌게이츠는 미국 전역의 대학을 순회하면서 "인류의 미래 문명은 인공지능이 될 것입니다. 내가 만일 대학생이라면 다른 무엇보다 인공지능을 공부하고 사회에 진출한다면 인공지능, 에너지, 바이오 등 분야에 취업하고 싶다."고 했습니다.

오늘날 인공지능은 더 많은 양의 데이터와 보다 빠른 처리능력, 더 강력한 알고리즘이 결합되어 더욱 널리 보급되고 있습니다. 실제로 인공지능 기술이 거의 모든 산업에 도입되기 시작하면서 컴퓨터가 전례 없는 방법으로 말하고, 보고, 듣고, 의사결정을 내릴 수 있게 되었습니다.

인공지능이 서비스하는 시대가 온 것입니다. 다양한 애플리케이션의 확산으로 인공지능이 우리에게 더 가까이 다가왔습니다. 우리 주위에 활용되고 있는 인공지능은 챗봇, KT의 '기가지니', SK텔레콤의 '누구', 삼성 스마트폰 '빅스비' 등이 있습니다. 자율 주행차도 인공지능 기술이 적용되어 운행이 가능합니다. 가천 길병원의 인공지능 의사 '왓슨', 골드만삭스의 인공지능 펀드매니저 '켄쇼', 인공지능 변호사 '로스', 카카오 '뉴스봇' 등도 있습니다.

인공지능을 활용하면 개개인의 맞춤교육이 가능해집니다. 인공지능은 전 세계의 수많은 데이터를 활용하여 학습자 분석으로 어느 부분이 부족하고 더 공부해야 하는지 알려주기 때문입니다. 마찬가지로 환자 맞춤형 치료도 가능합니다. 인공지능은 데이터를 분석하고 예측하여 빠른 시간 안에 신약 개발도 할 수 있고 바이러스 예방 백신, 치료약을 보다 빨리 개발할 수 있습니다.

이렇듯 인공지능은 생산성을 향상시키고 사회 문제를 해결하는 데 도움을 주고 있습니다.

인공지능이 세상을 움직이기 시작했다

인공지능은 빅데이터(수치, 문자, 영상)를 기반으로 스스로 공부해서 지능을 높여왔습니다. 전 세계의 정보를 가지고 있는 인공지능은 계속되는 학습을 통해 새로운 정보를 갖게 되고 이런 정보를 분석해서 판단합니다. 인공지능은 24시간 먹지도 자지도 않고 공부합니다. 인간의 지능을 훌쩍 뛰어넘은 인공지능은 지능 능력으로는 이제 인간과는 경쟁이 되지 않아요. 우리나라는 2016년 이세돌과 인공지능 '알파고'의 바둑 대전으로 인공지능 시대의 시작을 알렸습니다.

인공지능 컴퓨터는 대량의 데이터를 저장하고 초고속으로 연산을 수행하는 뛰어난 성능으로 거의 모든 산업, 과학, 의료, 운송, 연구, 교육, 기획, 소셜미디어, 디지털 플레이스, 금융, 건강 등등의 셀 수 없을 정도의 분야에서 핵심적 역할을 담당하고 있습니다.

인공지능의 연구는 지난 수십 년 동안 많은 성장을 해오고 있습니다. 이러한 인공지능의 발전에도 불구하고 컴퓨터와 사람의 두뇌에는 아직도 큰 격차가 있습니다. 인간이 느끼는 시각이나 음성 인식, 감정, 창의적인 사고 등의 측면에는 인공지능이 사람을 못 따라오고 있습니다.

인공지능으로 변화되는 직업의 미래

자동차를 인공지능 로봇이 운전하면 택시기사가 사라질 것이고, 실력 좋은 로봇 의사가 생기면 의사도 일자리가 줄어들 것입니다. 인공지능 로봇은 세계적인 명화들도 그릴 수 있고 인간을 대신하여 교향악을 연주하거나 음악을 창작할 수 있습니다. 예술가도 안전 영역이 아닙니다. 운송업, 운수업, 항공, 우주탐사, 생산업체들, 방송국의 아나운서까지 모든 직업들을 180도 바꾸어 놓을 것으로 예측됩니다. 전쟁도 군인들 대신 로봇들이 싸우게 될 것입니다.

인공지능에서 승기를 잡는 국가가 세계를 장악하게 될 것이라는 예측도 있습니다. 타계한 스티븐 호킹은 인공지능이 인간의 지능을 뛰어넘는 순간 인류는 멸망할 것이라고 말한 것도 놀라운 일이 아닙니다.

알파고와 왓슨은 시작에 불과하다

인공지능 '왓슨'은 인간의 인지능력을 모사한 컴퓨터입니다. 2016년 인공지능 알파고는 이세돌의 바둑 대결로 유명해졌습니다. 알파고는 계산 능력이 최적화된 초기 형태의 인공지능이라고 할 수 있습니다. 인공지능은 의사, 변호사 등의 전문적 지식이 요구되는 곳에 보조로 활용될 수 있고 방대한 양의 정보를 학습하고 분석하여 현실의 복잡한 문제를 해결하는 데 사용할 수 있습니다.

인공지능 컴퓨터는 데이터를 얻을 수 있는 거의 전 산업 분야에 적용될 수 있어 4차 산업혁명의 핵심 기술로 손꼽힙니다.

세계 인구 중 적지 않은 수가 기아에 허덕이고 있습니다. 세계적으로 식량 생산은 늘고 있는데도 기아 문제는 해결되지 않고 있습니다. 기아와 싸우고 있는 국제기구들은 새로운 전략을 도입했습니다. 인공지능 AI을 통해 식량 불안을 해소하겠다는 것입니다.

그동안 세계 전역을 대상으로 기아 발생을 모니터했지만 인공지능을 도입한 후에는 분쟁지역, 자연재해 등에 대해 분석과 예측이 수월해졌고 예측을 통해 새로운 농법을 추천하는 등 기아 발생 가능성에 대비할 수 있는 길이 열렸습니다.

국가 행정시스템에도 인공지능이 대거 도입되고 있습니다. 프랑스 에마뉘엘 마크롱(Emmanuel Macron) 대통령은 국가적인 인공지능망을 구축하겠다는 목표를 제시했는데 이런 흐름은 세계적인 현상입니다.

IT 전문가들은 머지않아 정보 분석력에서 인간의 지능을 넘어서는 인공지능이 세상을 움직일 것이라고 합니다. 이런 상황에서 인공지능이 인간의 직업을 빼앗고 있다는 주장이 빗발치고 있습니다.

향후 인공지능에 가장 취약한 직업군은 제조업과 농업 분야입니다. 이 분야에서 일하고 있는 많은 사람들이 인공지능 로봇으로 인해 직업을 잃을 수 있으므로 새로운 일자리를 준비해야 할 것입니다.

인공지능 시대, 어떻게 대비해야 할까?

앞으로 지식만으로는 인공지능을 이길 수 없습니다. 오히려 인공지능을 다루는 기술을 익혀야 합니다. 이를 위해 아이들은 지금부터 놀이를 통해 인공지능과 친숙해질 필요가 있습니다.

인공지능을 활용한 놀이를 통해 상황 파악, 규칙, 문제해결, 의사결정 등 많은 공부를 할 수 있습니다. 여행도 마찬가지입니다. 스스로 찾아보고 결정하고 준비하면서 문제를 해결하고 공부하는 것이 인공지능 시대를 대비한 진짜 경험이고 공부입니다.

인공지능 관련된 직업을 갖기 위해서는 인공지능과 관련된 컴퓨터공학, 전기전자공학, 정보통신공학 등의 전공이 유리합니다.

인공지능 용어 정리

- **알고리즘(algorithm)**

  어떤 문제를 해결하기 위한 것으로 컴퓨터가 데이터를 처리하기 위한 일련의 과정입니다.

• **딥러닝(deep learning)**

인공지능 스스로 학습이 가능하게 만든 기술입니다. 수많은 데이터를 인공지능이 스스로 찾아내어 문제를 해결하는 데 사용합니다. 딥러닝은 인공지능 스스로 판단하고 학습한다는 점에서 인간이 가르치지 않아도 스스로 학습하여 미래를 예측할 수 있어 머신러닝보다 똑똑합니다. 딥러닝 기술이 적용되면 인간이 해결하지 못하는 문제를 컴퓨터가 해결할 수 있습니다. 그것은 컴퓨터의 자료 처리 능력이 인간과 비교할 수 없을 만큼 빠르고 뛰어나기 때문입니다. 딥러닝은 2016년 이세돌 9단과 바둑 대결을 펼쳤던 알파고에 적용되었습니다. 알파고는 스스로 바둑 기보를 보고 바둑 전략을 학습했습니다. 알파고들끼리 서로 바둑을 두면서 바둑의 원리를 배우고 과거 바둑 경기를 스스로 학습하면서 배워 나간 것입니다. 메타는 딥러닝 기술을 적용해 '딥 페이스'라는 얼굴인식 알고리즘을 개발했습니다. 국내기업인 네이버는 음성인식을 비롯해 뉴스 요약, 이미지 분석 등에 딥러닝 기술을 적용하고 있습니다.

• **머신러닝(machine learning)**

인간이 컴퓨터에게 다양한 정보를 줘서 가르치고 학습하게 합니다. 인간이 준 정보들을 기반으로 데이터를 분석하고 예측합니다. 딥러닝보다는 하위 기술입니다.

• **플랫폼(platform)**

플랫폼은 기차나 버스를 타고 내리는 정거장이라는 뜻이에요. 정거장은 어떤 장소로 가기 위해 반드시 도착해야 하고 도착한 사람을 태우기 위한 운송 수단이 필요해요. 여기서 운송 수단을 이용하고자 하는 사람이 이용자가 되는데, 플랫폼은 바로 사람과 운송 수단을 이어주는 역할을 한다고 볼 수 있어요. 스마트 시대에 인터넷 사업자, 콘텐츠 제공자, 사용자, 기기 제조사 등 다양한 주체들이 만나는 지점이 바로 플랫폼이에요.

예를 들어 유튜브는 여러 사람이 동영상을 올리거나 다른 사람이 올린 동영상을 시청하는 하나의 공간이면서 공통된 틀을 제공하는 동영상 플랫폼 서비스입니다.

• **애플리케이션(Application)**

특정한 업무를 수행하기 위해 개발된 응용 소프트웨어입니다. 업무를 수행할 수 있도록 도와주는 프로그램 또는 기계 장치 혹은 컴퓨터망을 관리하기 위해 사용하는 프로그램입니다.

• **코딩(coding)**

컴퓨터와 인간의 대화 방법입니다. 인간이 만든 알고리즘을 컴퓨터가 이해할 수 있는 말로 바꾸어 컴퓨터에 입력하는 작업이에요. 넓은 의미에서는 '프로그래밍'과 같은 개념으로 사용되기도 해요.

컴퓨터 프로그램을 만들 때에 주로 사용하기 때문입니다. 코딩 작업을 통해 명령대로 작동하는 것으로는 컴퓨터, 로봇청소기, 화재 경보기 등이 있습니다.

미래에는 이 직업이 뜬다!

인공지능 전문가

인공지능과 관련된 다양한 컴퓨터 소프트웨어를 반드시 다룰 줄 알아야 합니다. 컴퓨터나 정보통신 관련 학문을 전공하면 좋고 컴퓨터 언어에 대한 이해가 필수적입니다. 인공지능 분야는 매우 전문적이고 세밀한 분야입니다. 따라서 하나의 문제에 끊임없이 파고들 수 있는 인내심과 열정이 필요해요.

뇌 과학자

뇌 과학의 탐구 대상은 뇌를 포함한 신경계 전체이므로 신경과학이 보다 정확한 표현인데, 우리나라에서는 뇌 과학이라는 말을 더 많이 써요. 뇌 과학은 한 분야만 잘해서는 안 됩니다. 생물학, 수학, 전산, 심리학 등 각 분야의 기초가 탄탄해서 최소한 협력하여 연구할 수 있는 정도의 수준을 갖추어야 합니다. 구체적으로 어떤 분야를 공부하면 좋을지는 본인의 관심사에 따라 달라질 수 있어요. 어디를 가든지 데이터를 분석하는 수단인 전산과 통계는 어느 정도 할 수 있어야 됩니다.

최첨단 인공지능의 모델을 인간의 뇌 신경망 구조에서 발견했습니다. 인간의 뇌 신경망을 이용해 만들어진 것이 인공지능 '알파고'입

니다. 뇌 신경망을 모사한 인공지능은 이제 스스로 배우고 발명하여 다른 인공지능을 만들어 내는 수준까지 와 있습니다.

인공지능 기술 기획전문가

인공지능 기술을 활용하기 위해서는 기술의 발전 방향과 활용을 위한 기획이 중요합니다. 기술의 이해 및 활용을 위해서는 컴퓨터나 소프트웨어공학 등 이공학 전공자가 유리합니다.

인공지능 보안전문가

데이터 침해와 해킹 등에 대응합니다. 사이버 보안관 역할을 합니다. 조직 보안에 중요한 역할을 합니다.

비전(시각) 인식 전문가

자율 주행차나 로봇 등이 수신호나 차선 등 각종 영상 데이터를 인식하고 해석하기 위한 알고리즘을 개발합니다. 4차 산업혁명 시대에는 자율 주행차나 로봇의 활용이 대중화될 것이므로 영상 데이터의 중요성도 커질 전망입니다. 이에 따라 비전 인식 전문가는 꼭 필요한 직군으로 각광 받을 것입니다.

예측 수리 인증 엔지니어

인공지능 기술을 활용해 이상 징후가 감지된 설비를 고장 나기 전에 유지 보수해 설비 가동률을 개선합니다.

오감 제어 전문가

오감을 활용해 가상현실 프로그램을 만들고, 가상공간 사물을 이질감 없이 조작할 수 있는 기술을 개발합니다. 가상현실이 3D를 넘어 사용자를 위한 맞춤형 수준으로 발전하려면 인공지능의 역할 및 이를 제어하고 조작 · 수행할 전문가가 필요합니다.

인공지능 설계 엔지니어

인공지능기술을 제품서비스 분야에 활용하기 위해서는 서비스 및 제품 분야별로 인공지능 활용 가능 분야를 설계할 전문가 역시 꼭 필요합니다.

인공지능 서비스 기획자

인공지능의 '콘텐츠'와 관련된 직업입니다. 인공지능 서비스 개발 단계에서 인간에 대한 이해, 환경에 대한 정보와 분석 등을 바탕으로 서비스를 기획합니다.

인공지능 건강 관리 전문 코치

모바일 기기를 활용해 인간의 건강 관리를 돕습니다. 건강을 잘 챙기지 못하는 인간을 위해 첨단기기를 활용합니다. 애플과 구글은 인공지능 헬스케어 기기와 애플리케이션 개발을 위하여 각각 인공지능 헬스 앱인 '헬스키트'와 '구글 피트'를 개발했고, 앞으로는 이런 애플리케이션을 더 많이 필요로 할 것입니다.

인공지능 원격진료 코디네이터

인공지능을 활용한 원격진료가 활성화되면 이를 위한 진료센터와 코디네이터가 필요합니다. 원격진료 코디네이터는 원격 의료 기구나 해당 소프트웨어를 작동시켜 원격진료를 돕는 사람을 뜻합니다.

인공지능 큐레이터

큐레이션은 불필요한 것을 덜어내고 선별과 배치를 통해 사람들이 원하는 것을 가려내는 기술을 말합니다. AI 콘텐츠업계는 요즘 그야말로 '큐레이션 전쟁' 중입니다. 메타는 생성되는 수많은 데이터 중 폭력적이고 부적절한 게시물을 걸러내고 의미 있는 데이터를 골라내 추천하는 데에 한계가 있다고 판단했어요.

아마존 역시 큐레이션 분야에서 독보적입니다. 날마다 새롭게 쏟아지는 정보의 홍수 속에서 사람들은 극도의 피로감을 느끼고 있습니다. 때문에 수많은 선택지 중에 덜어낼 것은 덜어 내고 개인에게 딱 맞춘 정보를 찾아주는 큐레이션의 중요성이 점점 커지고 있습니다.

기술 윤리 변호사

현재는 생소한 직업이지만 미래에는 꼭 필요합니다. 앞으로 로봇과 인공지능이 세계를 뒤덮게 될 것인데, 이때 법적, 윤리적 가이드 라인을 알려주고 소송을 대행하는 일을 바로 기술 윤리 변호사가 맡게 됩니다. 인공지능과 함께 하는 시대에서 없어서는 안 될 꼭 필요한 직업입니다.

이밖에 인공지능 기술의 확산으로 인해 새로 생길 것이라고 전망되는 직업

- AI를 활용해 기업이 원하는 전문인력 관리 및 소통을 담당하는 전문가, 기획자 및 개발자
- AI를 활용해 복잡한 업무 프로세스를 단순화해 업무시간을 단축하는 업무 종사자
- 자율 주행차를 이용한 배송, 운동 업무 전체를 통제하고 비상사태에 대처하는 직업
- AI를 활용하는 새로운 환경 변화에 사람들이 적응하는 것을 도와주는 직업

3

인간보다 더 똑똑해질까?

- 로봇

인간보다 더 똑똑해질까?
- 로봇

힘든 일도 궂은일도 척척 해내는 로봇

코로나19로 우리 생활에 여러 가지 변화가 나타나고 있습니다. 비대면 서비스의 필요성이 커졌고 산업 전반에서 로봇에 대한 관심이 급증하고 있습니다. 로봇은 인공지능, 빅데이터, 사물인터넷 등과 함께 4차 산업혁명을 이끄는 핵심 키워드입니다.

로봇은 복잡한 임무를 스스로 수행할 수 있는 기계로 대개 컴퓨터로 제어되며 어떤 작업이나 조작을 자동으로 할 수 있는 기계 장치입니다. 인간의 모습을 가지도록 만들 수 있지만 대부분 로봇은 모습과 상관없이 작업을 수행하도록 설계됩니다.

로봇은 인간이 갈 수 없는 장소에서도 작업이 가능하기 때문에 우주 공간에서의 작업과 우주 탐험에 이상적이라고 할 수 있습니다. 로봇은 지구를 돌고 있는 인공위성을 수리하거나 유지하는 데에도 사용됩니다. 우주 탐험에서 로봇은 보이저호와 같이 먼 천체까지 비행하여 탐사와 발견을 수행할 수 있습니다. 관찰한 데이터를 수집하여 지구로 보내거나 표본을 획득한 뒤 분석할 수도 있고 스스로 간단한 결정을 내릴 수도 있어 로봇에 대한 의존도가 증가하고 있습니다.

로봇은 인간이 할 수 없는 위험한 작업을 대신하거나 극한 상황에서도 작업할 수가 있습니다. 예를 들면 방사성 물질이나 유독 화학물질을 취급할 때 로봇은 방호복을 입지 않고도 작업하는 것이 가능합니다. 폭발물을 수색하거나 우주 공간에서 작업하는 등 인간의 생명을 위협할 수 있는 환경에서도 로봇을 사용할 수 있습니다.

로봇은 가정에서 인간의 가사를 돕는 역할을 수행하기도 합니다. 또 육체적으로 장애가 있는 사람들을 돌보는 일에도 이용할 수 있습니다. 간호 보조 로봇은 장애가 있거나 고령인 사람들이 가족들의 도움을 받지 않고 혼자서 생활하도록 도와줍니다.

- **배송 로봇**

로봇업계에서 주문한 물품이 고객에게 직접 배송되기 바로 직전의 거리인 '라스트 마일 배송'은 오래 전부터 유망 분야로 꼽혀 왔습니다. 그러나 상용화되기까지는 해결해야 할 두 가지 기술적 과제가 있었습니다. '통신'과 '인식'이 그것입니다. 5G 시대가 열리면서 통신 문제가 해결되었고 또한 인공지능의 발전으로 로봇이 스스로 판단하는 인식을 갖게 되면서 로봇 배송이 가능해지게 되었습니다.

배송 로봇은 라스트 마일(최종 배송 구간) 배송을 자동화하는 데 해결사 역할을 합니다. 미국의 아마존은 로봇배달서비스를 시범적으로 운영하고 있는데, 이는 매출 증대나 비용 절감보다 로봇에 의한 홍보 효과가 큽니다.

페덱스도 자율 주행 로봇을 통해 라스트 마일 전쟁에 뛰어들었고 국내에서는 '배달의 민족'이 배달 로봇을 운영하고 있습니다.

• **재활용 분리수거 로봇**

자판기처럼 생긴 기기에 캔이나 페트병을 넣으면 기기가 알아서 내용물을 인식한 뒤 분류합니다. 이후 개수에 따라 포인트를 지급하고, 포인트가 2,000원 이상 쌓이면 현금으로 바꿔 줍니다.

우리나라에는 전국적으로 약 160개가 설치되었습니다. 재활용품을 투입하면 카메라가 자동으로 내용물을 인식하고, 분류한 뒤 알아서 환급금으로 돌려주는 기기를 유럽·미국의 사례를 참고하여 제작했습니다.

모양새는 일부러 자판기와 비슷하게 만들었습니다. AI 재활용 분리수거 로봇은 전 세계에서 우리나라가 유일합니다.

재활용품 무인회수기
출처 : 영등포구청 홈페이지

• **4족 보행 로봇**

4족 보행 로봇은 필요한 모든 분야에서 사용될 수 있습니다. 특히 각종 물품의 운반 · 배송 작업과 보안 · 감시 · 정찰 · 검사 · 청소 등은 4족 보행 로봇이 투입될 가능성이 높은 업무들입니다. 4족 보행 로봇의 가장 큰 장점은 지형 접근성입니다.

• **감염병 진단검사 로봇**

"코로나가 로봇 시대를 열었다."는 평가가 나오고 있습니다. 우리나라도 원격으로 검체를 채취할 수 있는 로봇을 개발했습니다. 이집트에서는 코로나19 진단검사에 휴머노이드 로봇을 활용했습니다. 인도의 한 병원은 휴머노이드 로봇으로 환자의 체온을 측정하고 있습니다. 태국의 일부 병원들도 환자의 체온을 측정하는 바퀴 달린 로봇이 다니고 있습니다. 발열 환자를 선별해 의료진과의 접촉을 최소화한다는 취지입니다. 의료 분야에서는 로봇이 상당한 수준에 도달했습니다.

• **서비스 로봇**

중국 상하이의 한 식당에선 음식 서빙 로봇이, 독일의 한 마트에선 고객 응대 로봇이 사용되고 있습니다. 모두 코로나19 감염 예방을 위해서입니다.

식당에서 음식을 주문하면 서비스 로봇이 주문 음식을 좌석까지

안내로봇 '에어스타'

배달합니다. 인천국제공항에서는 안내로봇 '에어스타'와 무거운 짐을 운반해주는 로봇 '에어포터'를 만날 수 있습니다. 각 가정에서 사용하고 있는 보편화된 로봇이 청소 로봇입니다. 음식 배달 로봇이나 화물을 운반하는 로봇, 커피를 만드는 로봇, 피자를 만드는 로봇 등 서비스 로봇이 다양해지고 있습니다. 우리나라도 자율 주행 기능을 갖춘 서비스 로봇이 병원과 식당 등에 도입되었습니다.

과거의 로봇은 주로 산업용으로 주로 사용되었으나, IT 기술과 인공지능 기술 등의 발달로 인해 가정, 복지, 교육, 오락, 의료, 환경 등 점차 그 범위가 확대될 것입니다.

- **건설 보조 로봇**

노동 집약적인 건설업계에 '로봇'이 속속 등장하고 있습니다. 로봇들은 공사현장은 물론이고 아파트 관리에도 도입되고 있어요. 로봇은 현장 근로자들의 일을 보조하는 한편, 대신하는 역할까지 합니다. 현장에서 위험을 줄이거나 현장 상황을 정밀하게 점검하는 데 투입됩니다.

- **입주 지원 서비스 로봇**

아파트 · 오피스 등에서 입주 고객들에게 서비스를 제공하는 로봇입니다. 실내 배달 로봇 서비스는 공동현관까지 배달된 음식을 로봇에 전달하면 자율 주행 기능을 통해 주문한 세대로 전달해 줍니다. 국내 건설회사는 커뮤니티시설 안내와 예약 등을 도와주는 로봇을 도입할 계획입니다. 로봇은 자율 주행과 음성인식 등의 인공지능(AI)이 내장되었으며 커뮤니티시설 내부를 돌아다니며 시설 안내와 예약을 지원할 것이라고 합니다. 커뮤니티 로봇은 다양한 서비스를 제공하는데, 입주민들의 커뮤니티시설 이용을 돕고 가벼운 짐도 나를 수 있다고 해요.

- **웨어러블 로봇**

웨어러블 로봇은 옷처럼 입을 수 있는 로봇을 말합니다. 로봇 팔이나 다리 등을 사람에게 장착해 근력을 높이는 장치로 로봇을 입는다는 의미로 웨어러블 로봇이라고 합니다. 영화에서나 볼 수 있었던 로봇을 경험할 수 있는 시대가 되었습니다.

웨어러블 로봇

2019년 하버드대학교와 중앙대학교 교수 등 공동 연구진은 걷기와 달리기를 모두 보조할 수 있는 로봇 바지를 개발했습니다. 연구진에 따르면 무게가 약 5Kg인 이 로봇은 착용자의 하체를 지지하고 근력을 높여 보행이 불편한 사용자가 쉽게 걸을 수 있도록 해준다고 합니다.

포드자동차에서 일하고 있는 한 근로자는 2017년부터 '근력 증강 로봇'을 착용하고 작업을 했습니다. 이 로봇은 팔의 부담을 덜어주는 역할을 하고 있어 '산업용 웨어러블 로봇'으로 불리고 있습니다. 웨어러블 재활 로봇이 보행 관련 장애인들의 재활 훈련에 도움을 주고 있습니다. 또, 다리나 허리에 부착하는 웨어러블 로봇이 걷는 데 어려움이 있는 사람이나 재활이 필요한 사람들에게 사용되고 있습니다.

2014 FIFA 월드컵 브라질의 개막식에서는 하반신이 마비된 줄리아노 핀토가 외골격 로봇(로봇 다리)을 입고 시축하여 관심을 받았습니다. 뇌파를 감지할 수 있는 헬멧을 쓰면 사람의 생각이 컴퓨터로 전달되고 컴퓨터는 지시대로 외골격 로봇의 다리를 움직여 축구공을 걷어찬 것입니다.

• 생체모방 로봇

인간을 비롯한 동물이나 곤충, 물고기 등을 모방한 로봇입니다. 인간이나 곤충과 같은 동물들로부터 구조나 운동, 인지 방법을 모방한 로봇을 '생체모방형 로봇'이라고 합니다. 뱀을 닮은 로봇, 개나 말을 닮은 로봇, 잠자리를 닮은 로봇 등이 있습니다. 하늘을 나는 곤충이나 새의 비행방법 또한 로봇 기술에 적용되고 있어요. 물고기의 특성을 모방한 로봇들도 많이 개발되고 있습니다.
생물체의 몸체 전체가 아닌 일부만을 모방하는 기술도 개발되어 코끼리의 코(크기에 관계없이 물건을 쥘 수 있음), 게코 도마뱀의 발바닥(수직 벽을 기어오를 수 있음) 등이 그 예입니다.
더 나아가 생물체의 근육 운동 자체를 모방하려는 시도도 이루어지고 있습니다.

• 지능형 로봇

지능형 로봇은 외부환경을 인식하고, 스스로 상황을 판단하여, 자율적으로 동작하는 로봇을 의미합니다. 기존의 로봇과 차별화되는 것은 상황판단 기능과 자율동작 기능이 추가된 것입니다.

지능형 로봇의 한 종류인 소셜 로봇은 1997년 미국의 매사추세츠 공과대학교(MIT)에서 사람의 얼굴과 목 부분을 모방한 '키스멧'을 개발한 것이 시초입니다. 키스멧은 음성을 읽어 들이는 마이크, 주위에 사람이 다가오고 있는지를 감지하는 적외선 센서, 체온 감지 센서를 탑재하고 있습니다. 또한, 눈꺼풀, 입, 목 등을 움직일 수 있도록 모터를 장착하여, 행복, 슬픔, 놀람, 지루함, 화남의 감정을 표현할 수 있습니다.

• 가사 지원 로봇과 실버 로봇

가사 지원 로봇은 청소 로봇에서 심부름 로봇에 이르기까지 집안일을 도맡아 하는 로봇입니다. 바닥만 청소하는 진공 청소 로봇이 바닥에 떨어진 옷가지들을 구분해 내고 어지럽혀진 물건들을 정리하는 로봇으로, 또 물컵 등을 배달하는 심부름 로봇, 설거지 밥상 차리기 등을 보조하는 로봇으로 발전해 나갈 것입니다.

실버 로봇은 독거 노인을 보조하는 로봇입니다. 거동이 불편한 노인을 위해 옷 갈아입히기, 배변 보조하기, 부축하기 등 현재의 간병사들이 하는 환자 보조 업무를 수행할 수 있습니다. 국내에서는 돌봄이 필요한 노인 중 경도인지장애(치매 전 단계)가 있는 노인에게 인공지능 돌봄 로봇 '효돌이'를 보급하고 있습니다. 독거 노

바이올린을 연주하는 로봇

인을 포함한 고령층들을 위한 효돌이는 노인들을 위해 약 복용 시간, 식사시간, 환기 시간 등을 챙겨주며 퀴즈도 내는 애교가 많은 로봇입니다. 특히 스마트폰 앱을 설치하면 원격조종이 가능해서 실시간으로 노인들의 상태를 파악할 수 있어요. 비상시에는 보호자에게 비상연락을 취할 수 있는 다양한 기능이 존재하는 인공지능입니다.

• 교육 · 오락 로봇

로봇은 어린이들에게 인기 있는 장난감입니다. 이를 활용한 교육 효과는 어린이의 두뇌 형성에 매우 큰 영향을 미치는 것으로 알려져 있습니다. 교육 콘텐츠와 연결되어 지능형 로봇이 보급된다면 교육산업의 핵심으로 막대한 시장창출을 할 것으로 전망됩니다.

• **의료 · 헬스케어 로봇**

수술 로봇, 재활 로봇, 간호 · 간병 로봇, 진단 로봇, 병원 물류 로봇 등 의료 로봇산업이 거대 산업으로 발전될 전망입니다. 수술 로봇에는 미국의 복강경 수술 로봇이 독점적 위치를 점하고 있으며 이밖에도 관절 수술 로봇, 척추 수술 로봇이 병원에서 활약하고 있습니다. 재활 분야에서는 의족 로봇 등이 상용화되었으며, 인공지능의 발달로 보다 정밀한 로봇들이 등장할 것으로 기대됩니다.

• **국방 · 안전 로봇**

각종 테러나 범죄에서 군사용 로봇의 활약상은 매우 두드러집니다. 위험한 상황의 폭탄 제거 로봇, 재난현장에서 사람을 구출하는 안전 로봇, 범죄 예방을 위해 순찰하는 감시 순찰 로봇에 이르기까지 로봇이 사회를 지키는 시대가 열릴 것입니다.

• **해양 · 환경 로봇**

해양 · 환경 로봇은 극한 로봇의 일종입니다. 화석에너지를 대체하는 해양에너지 분야, 해양자원을 탐사하는 로봇이 새로운 해양산업으로 등장할 것입니다. 환경오염을 감시하고, 오염을 정화시키는 환경미화 로봇도 등장할 것입니다.

• **힐링 로봇**

일본에서는 로봇 개들이 혼자 사는 노인들에게 큰 힘이 되고 있습니다. 움직이는 장난감을 넘어, 인간의 상처를 치유해주는 '힐링 로봇'의 시대가 서서히 현실화되고 있습니다.

애니메이션 영화 《빅히어로》에는 힐링 로봇 '베이맥스'가 나옵니다. 베이맥스는 치료용으로 개발된 로봇이에요. 입력된 데이터에 따라 자율적으로 움직이며 누군가의 치료가 필요할 때 등장합니다. 베이맥스는 환자의 생체상태를 스캔하고 통증 정도에 따라 거의 모든 증상을 치료할 수 있는 그야말로 맞춤형 치료가 가능한 로봇입니다. 영화 속의 베이맥스 같은 힐링 로봇이 조만간 우리와 함께할 것입니다.

웨어러블 컴퓨터의 등장

웨어러블 컴퓨터는 입거나 의복에 착용할 수 있는 작고 가벼운 컴퓨터를 말합니다. 즉 옷에 PC 기능을 담은 컴퓨터예요.

• **티셔츠 게임기**

이제 티셔츠만 입으면 언제 어디서나 게임을 즐길 수 있습니다. 바로 티셔츠가 게임기인 셈입니다. 스마트폰에 게임 앱을 설치한 사람들은 블루투스를 통해 이 옷에 연결하고, 스피커를 스마트폰과 연결하면 게임을 할 수 있습니다. 그뿐만 아니라 텔레비전 리모컨으로도 사용할 수도 있다고 합니다.

• **감정에 따라 변하는 옷**

감정에 따라 옷의 색깔과 무늬를 바꿀 수 있습니다. 이젠 기분이나 주변 분위기에 따라 자신이 원하는 색이나 무늬를 스마트폰으로 바꾸기만 하면 됩니다. 또한, 음악에도 반응하게 돼 있어서 리듬에 따라서도 무늬나 색깔이 변합니다.

• **우주 비행사가 입는 'X1'**

웨어러블 로봇 X1은 우주 정거장이나 달, 화성을 탐사하는 우주 비행사를 보조하는 역할을 합니다. 이 외골격 로봇은 약 26kg으로, 사람의 어깨와 양다리에 직접 착용합니다. 우주 비행사가 이 로봇을 장착하면 무거운 산소통과 배터리를 더 오랫동안 짊어지고 탐사할 수 있습니다.

• **군사용 헐크(HULC)**

군인이 가방에서 꺼내 쉽게 착용할 수 있는 헐크는 배터리로 작동되는 로봇 골격에 의해 다리와 등 근육을 지탱해 주어 100kg이나 되는 군장을 하고도 16km의 속도로 뛸 수 있고, 두세 사람이 들어야 하는 무거운 폭탄도 혼자 거뜬히 옮길 수 있어요.

- **스마트 반지**

작은 디스플레이와 버튼이 달린 금속 소재의 반지로, 전화, 문자, 메일, SNS, 카메라, 음악 재생을 편리하게 할 수 있습니다.

- **스마트 밴드**

운동할 때에 유용한 기능이 들어 있는 팔찌입니다. 이미 많은 사람이 사용하고 있는 웨어러블 컴퓨터입니다. 스마트 밴드는 오래 착용해도 불쾌하지 않도록 인체 공학적인 재료와 모양으로 설계됩니다. 운동할 때에 소모된 칼로리 계산은 물론, 운동량과 강도, 빈도 등을 기록합니다. 무엇보다 목표 운동량을 정해 두면 LED 화면에 색깔로 표시됩니다.

스마트 밴드

• **스마트 마스크**

스마트 마스크는 공기의 오염도를 표시해 주는 기능을 갖춘 마스크입니다. 주로 봄철에 몰려오던 중국의 황사가 이제는 계절에 상관없이 미세먼지와 함께 우리나라를 덮치고 있기 때문에 앞으로 더욱 필요하게 될 웨어러블 컴퓨터 중 하나입니다.

스마트 마스크는 자외선이나 추운 날씨, 바이러스로부터 몸을 보호해 주고, 블루투스 기능을 통해 정보를 수집하고 공유할 수도 있습니다.

• **말하는 신발**

구글과 아디다스가 손잡고 신발을 개발했는데 이름하여 '말하는 신발(Talking Shoes)'입니다. 일반 운동화에 스피커, 압력센서, 가속도계, 지도, GPS 등이 탑재되어 있습니다. 이 센서를 통해 사람들이 움직이고 있는지, 얼마나 빨리 이동하는지를 감지해 상황에 맞는 메시지를 알려 줍니다. 블루투스를 이용해 스마트폰과 연결해 각종 메시지나 텍스트, 음성을 전달합니다.

미래에는 이 직업이 뜬다!

로봇 기술자

일상생활 또는 특정한 분야에서 필요한 로봇을 연구하고 개발해 산업, 의료, 해저 탐사, 실생활에 활용 등 여러 분야에서 사용될 수 있도록 만드는 로봇 프로그래머, 로봇 콘텐츠 개발자, 로봇 엔지니어, 로봇 수리 전문가를 말합니다.
로봇 기술자가 되기 위해서는 새로운 것에 대한 탐구심과 호기심, 창의성, 문제 해결력 등이 필요하고, 기계공학, 제어계측 등을 공부해야 합니다.

로봇 전문 영업원

로봇에 특화된 전문지식과 영업력으로 소비자에게 품질 좋은 로봇을 판매합니다. 로봇 가격이 저렴해져 '1가구 1로봇' 시대가 되면, 교육용 로봇처럼 일반인이 가장 많이 접하는 서비스 로봇을 온라인 및 오프라인에서 판매하는 영업원의 일자리가 늘어날 것으로 보입니다.

로봇 임대인

고가의 로봇을 구매하지 않고 임대해 사용하는 이용자가 늘어날 경우 로봇 임대인이란 직업이 일반화될 수 있습니다. 지금도 공항이나 쇼핑몰, 은행, 공공기관 등에 이벤트와 홍보용 도우미 로봇을 임대하는 회사가 존재합니다.

로봇 교재 개발자, 로봇 강사

로봇 교육 분야에서는 이미 많은 직업인이 활동하고 있습니다. 국내에서는 로봇 활용 교사를 교육한 바 있어요. 어린이들에게 로봇은 이미 친숙한 교육용 친구로 자리 잡았습니다.

로봇 공연 기획자

예술이나 스포츠, 여가관리 서비스 영역에서도 로봇 응용이 활발해지면서 새로운 직업이 나타날 것으로 보입니다. 이미 연주 로봇, 연극 및 뮤지컬 공연 등에 로봇이 등장하면서 관련 서비스를 기획하고 이벤트를 구성, 진행하는 기획자가 활동하고 있습니다.

4

어디서 타는 거야?

– 메타버스

어디서 타는 거야?
- 메타버스

메타버스를 타고 돈을 벌어요

얼마 전부터 메타버스란 말이 종종 쓰이고 있습니다. 메타버스, 이게 뭘까요? 어렵게 생각할 필요는 없습니다. 단어 자체가 낯설 뿐이죠. 이전부터 사람들이 인터넷이나 스마트폰을 통해 조금 더 편리한 삶을 누리거나 다른 사람과 교류하는 데 이용해온 디지털 공간 정도로 생각하면 됩니다.

메타, 인스타그램, 카카오톡, 구글맵, 싸이월드는 가장 친숙한 형태의 메타버스예요. 기성세대들이 즐겼던 게임 '테트리스', 우리가 좋아하는 3차원 가상게임 '모여라 동물의 숲', 미국의 게임 플랫폼 '로블록스(Roblox)'도 메타버스의 하나입니다. 한때 세계적으로 열풍을 일으킨 게임 '포켓몬고'에서 보여준 증강현실 세계도 메타버스 중 하나고요.

메타버스는 가공 · 추상을 의미하는 '메타(meta)'와 현실세계를 뜻하는 '유니버스(universe)'의 합성어입니다. 즉 가상 세계와 현실이 뒤섞여 시공간의 제약이 사라진 세상을 말해요. 메타버스는 3차원의 가상현실보다 진화된 것으로, 아바타를 활용해 단지 게임이나 가상현실을 즐기는 데 그치지 않고, 실제로 현실처럼 활동할 수 있습니다. '아바타'라는 말은 2009년 영화 〈아바타〉를 통해 사람들에게 친숙해요. 아바타에 이어 이번엔 메타버스가 현실로 다가왔습니다. 메타버스에서는 컴퓨터 프로그램이나 스마트폰 앱에서 자신의 아바타를 꾸민 뒤에 현실에서는 불가능했던 여행, 공연 관람, 게임 등을 가상공간에서 즐길 수 있습니다.

메타버스 시대가 오면 아예 오프라인 사무실이 사라질지도 모릅니다. VR 글라스를 쓰면 언제 어디서나 가상 사무실로 접속해 동료 아바타와 업무를 할 수 있습니다. 이런 가상의 장소를 전문용어로 '메타버스'라고 합니다.

게임, 업무, 교육 등 메타버스가 활용되는 분야는 넓어지고 있어요. 메타버스는 조금 더 복잡하고 놀라운 세상으로 진화하고 있습니다. 상상한 것을 보고 듣게 해줄 뿐만 아니라, 가상 세계를 느끼고 만질 수 있는 단계로 진입하고 있습니다.

거대한 메타버스 세계의 문은 이미 활짝 열렸어요. 우리나라의 대표적인 메타버스 플랫폼인 제페토, 미국의 게임 플랫폼인 로블록스, 포트나이트가 세계적인 인기를 끌고 있습니다. 누구나 게임, 운동을 하면서 돈을 버는 메타버스 속에서 살아갈 시대가 머지않았습니다.

메타버스로 하는 신입생 입학식

메타버스 입학식을 위해 SKT와 순천향대는 본교 대운동장을 실제와 거의 흡사하게 메타버스 맵으로 구현했다. 가상의 대운동장은 입학식의 주 무대이다. 가상의 대운동장에는 현실에 존재하지 않는 대형 전광판이 추가되어 주요 입학식 프로그램들을 소개하고, 아바타들이 자기소개를 할 수 있는 단상도 마련된다.

입학식에 참석하는 순천향대 신입생들은 본인의 아바타를 꾸민 후 '버추얼 밋업(가상 만남)'을 기반으로 하는 소셜월드 내 입학식 방에 입장하면 된다. SKT는 약 2,500명의 순천향대 신입생들이 모두 입학식에 참여할 수 있도록 57개 학과를 기준으로 150여개의 소셜월드 방을 개설했다. 신입생들은 소속 학과에 따라 약 25명이 한 방에 입장해 입학식에 참여하게 되고, 어느 방이든 동일한 입학식을 할 수 있다.

SKT는 메타버스 입학식을 위해 특별히 순천향대 맞춤형 아바타 코스튬(의상)인 '과잠(대학 점퍼)'도 마련해 학생들이 본인 아바타에 자유롭게 착용할 수 있게 했다. 순천향대 역시 신입생들이 최적의 환경에서 메타버스 입학식에 참석하도록 VR 헤드셋 · 신입생 길라잡이 안내서 등이 포함된 '웰컴 박스'를 사전에 지급했다.

자료 : "입학식도 가상공간에서" 순천향대 입학식 메타버스서 개최, 서울경제, 2021. 3. 2.

BTS와 트래비스 스콧도 메타버스행

어린이나 청소년의 가상 놀이공간 정도로 여겨지던 메타버스가 현실 세계로 점점 깊이 스며들고 있습니다. 특히 전 세계적인 인기를 끄는 문화 콘텐츠들이 애초 국경과 나이 등 경계가 없는 메타버스 안에서 강력한 위력을 발휘하고 있습니다.

미국의 인기 래퍼 트래비스 스콧이 가상공연장에서 자신의 아바타로 라이브 공연을 했습니다. 당시 스콧은 3일간 다섯 차례 공연을 했는데, 아바타의 얼굴을 하고 가상의 공연장에 들어온 관객 2,770만 명을 끌어모은 것으로 알려졌어요.

세계적인 그룹 방탄소년단(BTS)도 '다이너마이트'의 안무 버전 뮤직비디오를 세계 최초로 공개했습니다. 그룹 멤버 7명이 각자 개성을 살린 독특한 아바타 모습으로 등장해 현실 속 안무와 똑같은 역동적 춤을 선보였습니다. 방탄소년단은 온라인 콘서트를 열며 증강현실과 확장현실 기법을 활용해 100만 명에 육박하는 관객을 동원했습니다.

걸그룹 블랙핑크는 메타버스 플랫폼인 제페토에 아바타를 만든 뒤, 이들의 댄스 퍼포먼스를 동영상으로 만들어 유튜브 조회수 1억 뷰를 넘겼어요. 제페토에서 연 가상 사인회가 5,000만 명 가까운 팬을 끌어모으기도 했습니다.

가상 세계가 어떻게 돈이 될까?

메타버스가 주목받는 또 다른 이유는 '돈'이 되는 미래 먹거리로 인식하기 때문입니다. 이미 수십조 원대 세계 시장이 형성되었지만, 10여 년 새 30배 이상 시장 규모가 커질 것이란 예상이 나옵니다. 세계적인 메타버스 서비스로 유명한 제페토, 로블록스, 포트나이트 등 관련 산업이 급격하게 성장하였습니다. "게임하고, 제작하며, 상상하던 모든 것을 이루어 보라. 그것이 돈이 된다."며 이용자들을 가상 세계로 유혹하고 있습니다.

기업들이 메타버스를 활용하는 사례도 부쩍 늘어나고 있습니다. 나이키를 비롯해 명품 브랜드 구찌와 루이비통 등은 메타버스 플랫폼 안에서 아바타가 쓰고 있는 신발 · 가방 · 액세서리 등 가상 아이템을 팔거나 해당 아이템과 같은 실제 옷을 현실의 온라인 쇼핑몰과 연계해 판매하고 있습니다.

국내에서는 현대자동차가 제페토에 전시관을 열고 이용자가 아바타로 간접 시승 체험을 할 수 있도록 했습니다. LG전자가 '동물의 숲'에서 홍보용 이벤트를 여는가 하면, SK텔레콤과 엘지그룹 일부 계열사가 신입사원 채용에 메타버스를 활용하고 있습니다.

메타버스 시장이 커지면서 독특한 형태의 신산업도 생겨나고 있습니다. 가상 부동산 거래 플랫폼에서 가상으로 만든 지구의 땅을 실제 돈을 주고받으며 거래하고 있습니다.

미래에는 이 직업이 뜬다!

메타버스 건축가

메타버스가 일상화되면 어떤 직업이 생겨날까요? 전문가들은 메타버스 건축가를 꼽아요. 메타버스 건축가는 가상 세계에서 공간을 설계하는 일을 합니다. 컴퓨터 디자인 그래픽을 할 줄 알아야 하는데, 단순히 블록을 쌓아 공간을 만드는 게 아니라 '가상 세계 안 사용자 경험'을 함께 설계해야 합니다.

자동차 회사라면 메타버스 안에 전시관을 세우거나 자동차를 마음껏 튜닝할 수 있는 공간을 만들 수 있습니다. 기업이 의도한 것을 충분히 구현할 수 있는 디지털 설계 감각이 필요한 직업입니다.

아바타 디자이너

아바타 디자이너의 수요가 늘어날 수 있어요. 아바타 패션 디자이너, 메이크업 아티스트 같은 직업도 생길 수 있습니다. 아바타가 입을 옷을 만드는 것도 전문성이 필요한 일입니다. 이미 가상 패션 원단이나 부자재를 판매하는 업체도 생겼습니다. 다양한 질감과 색감의 원단, 부자재 중 원하는 것을 구매해 제품을 만들면 됩니다. 아

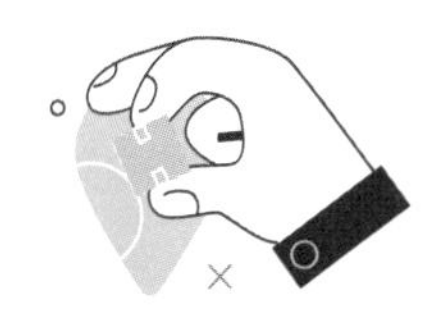

바타를 멋지게 꾸미기 위한 메이크업 기술도 판매할 수 있어요. 메타버스 안에서 아바타끼리 상호작용을 원활하게 하는 일이 많이 생겨날 것이라고 합니다.

가상현실 공간 디자이너

미래에는 가상공간에서 교육을 받고 일을 하는 시대가 옵니다. 때문에 이러한 공간을 디자인하는 일이 필요해요. 이 분야에 많은 일자리가 생겨날 것이며, 세계 시장에서 가장 흥미롭고 창의적인 직업 중 하나가 될 것입니다.

5

동전도, 지폐도 필요 없는 세상

- 블록체인과 핀테크

동전도, 지폐도 필요 없는 세상
- 블록체인과 핀테크

블록체인, 암호화폐만을 뜻하지 않는다

4차 산업혁명의 대표 기술로 꼽히는 블록체인은 사회 전반에 많은 영향을 끼치고 있어요. 블록체인이란 '블록(Block) 연결(Chain)'을 말하는 것입니다. 블록체인 기술이 쓰인 가장 유명한 사례는 가상화페인 '비트코인(Bitcoin)'이에요.

블록체인에서 블록은 온라인에서 일정 시간 동안의 거래 내용입니다. 이 블록은 네트워크에 있는 모든 이에게 전송됩니다. 승인된 블록만이 기존 블록체인에 연결되면서 거래가 이루어집니다. 이 기술을 적용할 경우 은행에서 일어나고 있는 거래 내역을 거래자 컴퓨터에 분산 저장할 수 있습니다. 장부 자체가 인터넷상에 개방되어 있고 수시로 검증이 이루어지기 때문에 원천적으로 해킹이 불가능합니다.

사회적 투자, 기부처럼 불투명하고 체계화되지 않았던 분야에 블록체인 기술을 적용한다면 큰 효과를 거둘 수 있습니다. 실제로 블록체인을 활용해 투명하게 기부할 수 있는 업체들이 생겨나고 있습니다.

2013년부터 비트코인으로 기부를 받고 있는 비영리재단 '비트기브'는 기부자들이 비트코인으로 기부금을 입금하면 이후 기부금이 어떻게 쓰이는지 실시간으로 확인할 수 있도록 모든 정보를 블록체인에 기록하고 있습니다.

블록체인에 저장하는 정보는 다양하기 때문에 블록체인을 활용할 수 있는 분야도 매우 광범위합니다. 대표적으로 가상통화에 사용되고, P2P 대출(인터넷 대출로 개인 간의 거래), 예술품의 진품 감정, 위조화폐 방지, 전자투표, 차량 공유, 부동산 등기부, 병원 간 공유되는 의료기록 관리 등 신뢰성이 요구되는 다양한 분야에 활용할 수 있습니다.

비트코인

비트코인은 블록체인 기술을 금융에 적용한 첫 번째 사례입니다. 비트코인은 생긴 지 5년 만에 시가총액으로 세계 100대 화폐 안에 들어갈 정도로 성장했습니다. 비트코인은 특정 관리자나 주인이 없습니다. P2P 방식으로 작동하기 때문입니다. P2P는 개인 간 거래를 의미합니다.

블록체인은 비트코인의 거래 기록을 저장한 거래장부입니다. 데이터베이스(DB)로 이해하면 쉬워요. 거래장부를 공개하고 분산해 관리한다는 의미에서 '공공 거래장부'나 '분산 거래장부'라고도 합니다.

비트코인은 수많은 사람의 관심과 논란의 대상이 되며 전 세계로 확대되었고 엄청난 돌풍을 일으켰어요. 대중은 비트코인을 새로운 금융투자로 받아들였습니다. 비트코인의 진정한 의미는 블록체인의 상용화를 증명했다는 것입니다.

지갑이 필요 없는 세상

한국은행은 동전을 퇴출시키겠다고 선언했고, 스웨덴과 덴마크는 이제는 2030년까지 현금 자체를 없애버리겠다고 했어요. 스마트폰만 있으면 물건을 사고팔 수 있습니다. 이 환경의 중심에 금융과 정보통신기술의 융합인 핀테크가 있기 때문입니다. 핀테크는 기술이면서 동시에 금융을 해결하기 위한 유용한 비즈니스 도구입니다. 돈과 관련하여 실생활에서 소비자가 불편하다고 느끼는 것을 편리하게 만들어 줍니다.

금융과 모바일 IT 기술이 합쳐진 금융 서비스, 핀테크

인터넷이 없던 시절에는 은행 업무를 보기 위해서 꼭 은행을 방문

했습니다. 그러나 지금은 IT 기술의 발전으로 장소에 관계 없이 은행 업무를 볼 수 있게 되었습니다. 입출금 등 간단한 일뿐만 아니라 예금이나 적금, 대출도 PC나 스마트폰으로 할 수 있습니다. 이렇듯 핀테크는 시간의 절약과 편리함을 우리에게 가져다줍니다.

핀테크란 금융(Finance)과 기술(Technology)의 합성어로 새로운 금융 서비스를 제공하는 것을 의미합니다. 핀테크는 스마트폰의 대중화로 인해 소비 형태가 모바일 중심으로 변화되고, 소비자 맞춤 서비스가 활성화되면서 급격히 성장했습니다. 최근 코로나로 인한 언택트 환경은 핀테크의 발전을 더욱 가속화시켰습니다.

원래 금융산업은 IT산업 다음으로 IT 기술을 많이 도입하던 분야입니다. 핀테크라는 이름이 나오기 전부터 인터넷뱅킹과 모바일뱅킹을 써 왔습니다. 은행은 거래 대부분을 전산으로 처리합니다. 현금 수송 차량에 실어다 옮기는 돈은 은행이 다루는 전체 돈의 극히 일부일 뿐입니다.

핀테크는 금융사 주도의 상품에서 빅데이터 활용을 통한 맞춤 상품으로 진화하고 있습니다. 핀테크의 지향점은 보다 쉽고, 보다 빠르게, 보다 편리한 금융 서비스를 제공하는 것입니다. 핀테크 산업의 발전은 금융 소비자의 입장에서는 반가운 일입니다. 핀테크를 통해 금융에 대한 불편함과 과대 비용을 줄일 수 있습니다. 그리고 축적된 데이터를 가반으로 체계적인 소비자 분석을 할 수 있습니다.

금융 상품은 매우 다양하기 때문에 나한테 딱 맞는 상품을 찾기가 어렵습니다. 나한테 맞는 상품을 찾기 위해서는 그만한 지식과 시간이 필요합니다. 카드나 예 · 적금, 대출, 보험 등 금융상품은 종류가 굉장히 많고 어떤 상품이 나에게 가장 적합한지 알기도 어렵습니다. 그러나 핀테크 서비스를 통해 개인에게 적합한 금융상품 추천이 가능해졌습니다. 핀테크는 나날이 발전하면서 소비자들의 금융 생활을 더욱 편하게 만들고 있습니다.

• 지급 결제 기능

일반 금융 소비자가 가장 친숙하게 여기는 분야입니다. 지급 결제 서비스는 사용자가 쓰기 쉽게 만들어야 합니다. 지급 결제 서비스는 편리한 서비스를 제공해 주고 수수료를 받습니다. 애플페이, 삼성페이, 카카오페이, 네이버페이, 토스, 페이코 등이 있습니다.

• 간편한 자산 관리

돈이 어디에 얼마나 어떻게 있는지 통장을 확인하거나 증권, 보험 등의 자산을 해당 금융기관에 방문하지 않고도 통합 관리할 수가 있어요. 최근에는 자산 내역 분석을 통해 잉여자금을 추천하고 활용할 수 있는 핀테크 기업들도 생겼습니다. 네이버 자산, 토스 같은 핀테크 사이트에서 여러 금융기관에 산재되어 있는 나의 자산 정보를 한 번에 볼 수 있고, 분석까지 해줍니다.

• 금융 데이터 분석

기존에 금융 데이터 분석은 주로 고객의 금융 거래를 바탕으로 신용도를 파악해 적절한 이자율을 계산했습니다. 핀테크 기술은 이 업무를 한 차원 발전시켜 이자율 계산뿐만 아니라 신용 확인도 가능하게 만들었습니다. 여러 신용 평가 기관들과 제휴를 맺어서 본인의 신용점수를 실시간으로 확인할 수 있어요.

핀테크를 통해 클릭 한 번으로 실시간 확인이 가능하므로 이를 통해 대출을 추천해 주거나 연결해 주는 업무까지 볼 수 있습니다.

사기 거래를 탐지하는 것으로도 활용할 수 있습니다. 서울에 있는 한 식당에서 쓰인 신용카드가 1시간 뒤 미국 뉴욕의 한 백화점 명품 매장에서 쓰인나면 어떨까요? 1시간 만에 같은 고객이 미국으로 건너갈 방법도 없을 뿐더러, 5천 원짜리 음식만 사 먹던 고객이 갑자기 명품을 구매하는 점도 수상하죠. 이렇게 기존 거래 패턴에서 어긋나는 거래가 일어날 경우 이를 이상 거래로 인식하고 추가 인증을 요구해 사기 거래를 막아요. 이 기술이 제대로 작동하려면 데이터를 쌓는 기간이 필요합니다.

• 플랫폼

플랫폼은 금융기관을 거치지 않고 고객이 자유롭게 금융 업무를 처리할 수 있게 합니다. 은행이 하는 일인 투자금 모집과 대출 신청 및 집행을 모두 온라인 플랫폼에서 처리합니다. 오프라인 지점이 없으니 운영 자금이 많이 들지 않습니다. 또, IT를 바탕으로 고객 신용도를 한층 더 철저하게 평가할 수 있어 대출 이자도 은행보다 낮출 수 있습니다. 중간에 은행을 거치지 않기 때문에 싼 값에 더 편리한 서비스를 제공할 수 있습니다. 사용자는 인터넷상에서 편리하게 돈을 주고받을 수 있습니다.

비트코인을 앞세운 가상화폐 또는 암호화폐도 기존 금융회사를 대체하는 플랫폼입니다. 위조나 변조가 불가능한 블록체인 안에서 작동하기 때문에 언제 어디서나 적은 금액의 돈도 실시간으로 보낼 수 있습니다. 중간에 어느 기관도 거치지 않기에 그 어떤 지급 결제나 송금 수단보다 비용이 저렴합니다.

핀테크는 어떻게 발전했을까?

금융산업은 요약하면 '돈 장사'를 하는 분야입니다. 금융소비자에게 돈을 빌리고 그 돈을 투자해 수익을 거둡니다. 금융산업은 2008년 금융위기 뒤에 수익성 악화를 경험했습니다. 부실 주택담보대출(서브프라임 모기지론)에 파생상품을 붙여 팔다 대출원금을 돌려받지 못하자 내로라하는 금융회사가 줄줄이 도산했습니다.

엎친 데 덮친 격으로 금융위기를 불러온 금융업계에 규제가 들어왔습니다. 전처럼 '돈 놀이'를 맘껏 벌이지 못하게 된 금융업계는 한

층 더 침체되었어요. 활로를 뚫어야 했던 금융업계는 IT 업계에 손을 내밀었습니다. 금융 거래 과정을 전자화했습니다. 사람이 일일이 해야 할 일을 전산 시스템으로 대체했습니다. 비용은 줄어들고 속도는 빨라졌어요. 소비자도 한층 편하게 금융 서비스를 이용할 수 있게 되었습니다.

금융 서비스를 전산화하니 또 다른 수익원이 눈에 띄었어요. 바로 금융 소비자가 만드는 데이터예요. 온라인에서 모든 활동은 데이터를 만듭니다. 여기 착안해 데이터를 기반으로 그동안 제공할 수 없었던 다양한 서비스를 선보이기 시작했습니다. 그러면서 제대로 된 핀테크 산업이 싹을 틔웠어요.

데이터를 바탕으로 사용자가 편리하게 이용할 서비스를 잘 만드는 쪽은 금융사일까요, IT 기업일까요? IT 기업은 태생부터 이런 일을 해온 곳입니다. 진입장벽이 거의 없는 인터넷이라는 신대륙에서 살아남으려 늘 진검승부를 벌여야 했습니다. 높은 진입장벽 안에서 큰 변화 없이 살아온 금융업계와 다릅니다. IT 기업이 금융사보다 더 핀테크 산업에 가까운 이유입니다.

IT 금융산업을 혁신하는 핀테크

IT를 가운데 두고 금융산업을 혁신하는 일을 말합니다. 역사적으로 금융 서비스는 언제나 기술과 함께 발전해왔으며, 가장 적극적으로 신기술을 채용해 왔습니다. 신용카드, ATM, 인터넷 뱅킹, 모바일 뱅킹 등은 당시에는 혁신적으로 이용자들의 금융 환경을 개선시켰던 것도 사실입니다.

그렇게 본다면, 요즘 주목을 받고 있는 핀테크는 과거의 금융 기술과 큰 차이가 없어 보일 수도 있습니다. 인터넷 뱅킹, 모바일 뱅킹 등은 모두 IT에 기반을 둔 기존의 금융기관에서 수행하던 업무를 '자동화'한 것에 가깝습니다. 그에 비해 핀테크 서비스들은 은행과 다른 방식으로 은행이 주지 못한 새로운 가치를 이용자들에게 제공합니다.

핀테크의 핵심은 기술을 통해 기존의 금융기관이 제공하지 못했던 부분을 채워 주고 고객에게 새로운 가치를 주는 데 있습니다. 특히 고객들이 쌓은 데이터를 분석해 틈새를 찾아내고 새로운 시장으로 만듭니다.

머지않아 종이통장이 사라진다고 합니다. 100년 넘게 금융 시스템과 개인을 연결해 주던 통장은 자취를 감추게 될 것입니다. 이미 대부분의 사람들은 계좌를 새로 만들 때에 받은 종이통장을 책상 서랍 안에 넣어 놓고 신경을 쓰지 않습니다. 대신에 인터넷으로 금융거래를 합니다. 이 가운데 절반 이상이 모바일에서 이루어지고 있으며, 스마트폰의 보급에 따라 모바일 뱅킹의 비중은 앞으로도 계속 증가할 것입니다.

없어지는 것은 통장만이 아닙니다. 요즘은 현금을 들고 다니지 않은 사람을 흔하게 볼 수 있습니다. 현금을 대체한 플라스틱 신용카드도 머지않아 없어질 가능성이 있습니다. 신용카드를 모바일 디바이스에 심어 놓기도 하고, 바코드나 QR코드를 스캔하는 방식으로 결제를 합니다. 본인 인증도 서명이나 비밀번호 입력 대신에 지문, 안면인식, 정맥과 같은 생체 정보로 대신하고 있습니다.

비트코인과 같은 가상화폐도 등장했습니다. 실체가 존재하지 않고 이용자들의 PC를 오가는 화폐가 실생활에까지 영향을 주고 있습니다. '월급이 통장을 스쳐 간다'는 말도 있지만, 정말로 우리의 금융 정보와 기록은 스마트폰이나 PC 화면 위에 점멸하는 숫자에 지나시 않게 되었습니다.

빅데이터 분석으로 창출되는 새로운 가치

기존의 신용 평가 기준 또한 데이터를 기반으로 해서 구축되었지만, 다양한 종류의 데이터를 복합적으로 분석하는 빅데이터 기술의 발달은 금융기관의 신용 평가 기준을 대체할 새로운 틀을 만들어 가고 있습니다. 금융 데이터는 금융이란 개념을 근본적으로 바꾸고 있습니다.

가계를 예로 들어 봅시다. 예전에는 월급을 받으면 공과금과 관리

비를 내고 생활비를 제외한 돈을 저축하거나 투자를 했습니다. 주로 현금으로 나간 지출은 영수증을 모아 가계부를 써서 정리했고, 통장을 보며 매달 저축한 금액을 파악할 수 있었어요. 이런 방식으로 대략적인 수입과 지출을 파악하고 관리했습니다. 지금은 이 모든 작업을 한 가지 서비스로 관리할 수 있습니다. 은행 계좌의 입출금 관리, 신용카드 사용 내역 등과 연결되어 개인의 소비와 지출을 단번에 파악할 수 있습니다. 지출 항목을 카테고리별로 구분해 이용자의 소비 패턴과 추이를 분석해 주고, 전체 이용자의 평균과도 비교할 수 있습니다. 신용카드 대금 결제나 대출금 상환 등을 잊지 않게 알려 주고 미래의 가계 운영에 대해 조언까지 해 줍니다. 소비나 지출뿐만 아니라 세무, 투자, 대출 등의 금융 정보를 분석하여 합리적인 방향을 제시해 주는 것입니다.

해체되고 플랫폼화하는 은행

이렇게 편리하면서 새로운 가치를 주는 서비스들이 일반적으로 쓰이게 되면 은행으로 대표되는 금융기관들은 어떻게 될까요? IT, 네트워크 기술의 발달 등으로 이미 많은 기관들이 자리를 잃어 가고 있습니다.

은행은 경제활동을 영위하는 대부분의 사람들에게 필수적이고 대체 불가능한 곳이었어요. 증권사나 보험사에서 일부 역할을 인정받은 것을 제외하고는 제도권 내에서 유일하게 예금, 대출, 송금 등의 금융 활동을 할 수 있는 공인 기관이었습니다.

한편, 고객들은 일반적으로 여유가 있을 때 저축이나 투자를 하고, 상황이 여의치 않을 때 대출을 받고 싶어합니다. 하지만 은행은 회수 가능성 때문에 여유가 있는 고객에게 대출을 해 주고 상황이 여의치 않은 고객들은 대출을 거절하거나 회수하려 합니다. 은행이 가진 돈의 대부분은 은행의 자기자본이 아니라 다른 고객이 맡긴 예금이기 때문에 대출에 신중할 수밖에 없습니다.

기술의 발전과 빅데이터 분석, 스마트폰의 보급으로 고객들과 직접 소통할 수 있게 된 업체들은 은행이 주지 못했던 새로운 서비스를 제공하기 시작했어요. 스마트폰에 애플리케이션이 설치되기만 하면, 수백 년의 전통을 자랑하는 은행이건, 실리콘밸리의 신생 스타트업이건 동등한 위치에서 이용자의 선택을 기다릴 수 있게 되었습니다.

만약 은행 예금보다 더 높은 기대 수익을 제공하며, 은행 대출보다 저렴한 이자와 빠른 심사를 제공하는 P2P 대출 업체를 이용하게 된다면 은행은 어떻게 될까요? 해외 송금을 할 때 훨씬 저렴하고 빠르고 간편한 송금 서비스 업체를 이용하게 되면 어떻게 될까요? 이런 경우에 은행은 어떻게 수익을 내야 할까요? 은행들은 실제로 이런 고민을 진지하게 하고 있습니다.

이렇게 우리 생활과 밀접한 관계를 지니며, 한편으로 거대한 산업이기도 한 금융의 패러다임이 바뀌고 있습니다.

미래에는 이 직업이 뜬다!

블록체인 전문가

네트워크에서의 블록체인은 개인 간 거래가 안전하게 이루어지도록 하는 기술입니다. 정보를 중앙 서버가 아닌 개인 네트워크에 분산시키기 때문에 보안이 튼튼합니다. 블록체인 전문가는 실시간으로 정보 흐름을 파악하고 해킹을 방지합니다.

블록체인 전문가는 주로 블록체인 기술을 개발하는 소프트웨어 회사에 취업합니다. 은행과 같은 금융기관에서 일할 수 있으며, 블록체인 기술을 활용하는 민간 기업이나 공공기관에도 취업할 수 있습니다.

블록체인 전문가는 블록체인 소프트웨어를 개발하는 일을 하므로 체계적이고 논리적으로 사고하는 능력이 필요합니다. 또 블록체인 기술을 어떻게 활용할지에 대하여 많이 생각해야 합니다. 블록체인 전문가는 컴퓨터공학, 소프트웨어공학, 정보 보호학, 수학(암호학) 등을 전공하는 것이 유리하고 융합적인 지식도 필요합니다.

블록체인 기술은 금융이나 거래 서비스 분야만이 아니라 정보산업, 제조, 유통, 사회, 문화 등 다양한 분야에 활용될 수 있습니다. 이에 따라 우리나라를 포함한 주요 선진국에서는 블록체인 기술에 많은

  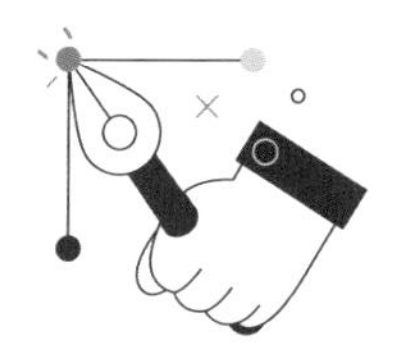

투자를 하고 있으며 이를 위한 전문인력을 키우는 데에도 힘쓰고 있습니다. 정부기관에서 블록체인 인력 양성 교육 프로그램을 운영하고 있으며, 이외에도 각종 직업훈련 기관과 민간 기업에서 블록체인 전문가 과정, 교육 프로그램, 훈련 과정을 운영하고 있습니다.

블록체인 프로젝트 기획관리자

블록체인 프로젝트의 실행을 기획하고 감독하는 일을 합니다. 개인, 소비자 및 기업의 요구사항을 블록체인 개발회사에 전달하는 역할을 하며 회사의 요구사항을 개발회사에 기술언어로 잘 소통할 수 있어야 합니다.

블록체인 개발자

블록체인 개발자는 블록체인 기술을 다양한 영역에 활용할 수 있도록 프로그램 개발, 운영, 관리하는 전문가입니다. 블록체인 개발자는 블록체인 프로그램을 개발하고 적용 가능한 블록체인 분야가 무엇인지 연구합니다. 블록체인 기술에 대한 아이디어를 내고 실제로 사용할 수 있는 앱이나 플랫폼을 만듭니다.
블록체인 개발자가 되기 위해서는 컴퓨터 프로그래밍 언어를 익숙하게 다루어야 합니다.

블록체인 품질 엔지니어

블록체인 개발의 품질을 책임지는 역할을 합니다. 모바일, 웹, 플랫폼에서 기능상의 문제가 없는지 알아보고 동작의 특성 등을 파악합니다.

고령자 전문 금융 서비스 전문가

핀테크는 정보통신 기술에 기반을 두기 때문에 상대적으로 고령인 고객이 소외될 수 있습니다. 특히 고령화가 빠른 우리나라에서는 노인을 고려한 상품이나 서비스 개발이 절실합니다.

핀테크 전문 소셜미디어 분석가

소셜미디어에서 널리 거론되는 업체나 상품, 브랜드에 대한 내용을 분석해 핀테크 업체의 모니터링, 의사 결정을 위한 근거 자료 등으로 활용할 수 있도록 지원하는 일을 합니다.
빅데이터 전문가와 다른 점은 주로 소셜미디어를 활용해 핀테크의 다양한 서비스를 제공합니다. 고객을 편리하게 해주기 위해 소비자 눈높이에 맞는 서비스를 제공합니다.

6

유전자로 병을 치료하고 예방한다

- 바이오 기술

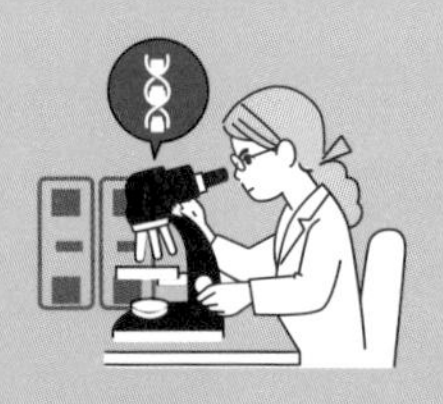

유전자로 병을 치료하고 예방한다
- 바이오 기술

바이오(bio)는 '생'이나 '생물'을 뜻합니다. 바이오 산업의 기본이 되는 기술은 유전자 재조합 기술, 세포 융합 기술, 대량 배양 기술, 바이오리액터(bioreactor 바이오 반응) 등이 있습니다. 의약품 · 화학 · 식품 · 섬유 등에서 그 연구가 활발히 진행되고 있어요. 특히 의약품 제조 분야에서는 유전자 재조합 기술에 의해 이미 당뇨병 특효약인 인슐린과 암 치료 등에 이용되는 인터페론을 많이 만들고 있습니다. 이 밖에도 농업 분야나 화학 공업 분야에서 바이오테크 기술, 즉 생명공학의 연구가 진행되고 있어서 가까운 미래에 식량의 증산이나 에너지 절약 등이 실현될 것으로 기대됩니다.

생명공학

생명공학(biotechnology)은 생물 자체 또는 그들이 가지는 고유의 기능을 높이거나 개량하여 자연에는 극히 미량으로 존재하는 물질을 대량으로 생산하거나 유용한 생물을 만들어 내는 산업을 말합니다.

생물공학 기술은 생물체의 기능을 이용해 제품을 만들거나 유전적 구조를 변형하는 기술입니다. 생명공학 산업은 생물체를 활용하여 유용물질을 상업적으로 생산하는 산업입니다. 생명공학 산업은 다양한 부가가치를 생산하는 산업군으로 바이오 기술과 신기술을 융합하여 다양한 산업에서 창출되는 산업을 포함합니다.

바이오헬스

바이오헬스 산업은 인체에 사용하는 제품을 생산하거나 서비스를 제공하는 산업입니다. 의약품, 의료기기 등의 제조업과 디지털 헬스케어 서비스 등 의료 건강 관리 서비스업을 포함합니다. 전 세계적으로 인구가 고령화되고 건강 관련의 수요가 증가하면서 바이오헬스의 세계 시장 규모가 빠르게 확대될 전망이에요. 최근 들어 그 중요도가 더욱 높아진 바이오 산업 분야에서 국내 바이오 산업은 세계적 수준으로 국제 경쟁력 또한 갖추고 있습니다. 그러나 미래 성장 가능성과 고용효과가 큰 유망 신산업으로 부각되고 있는 바이오헬스 산업의 제품을 생산하기까지 오랜 시간이 필요해요.

바이러스 진단에 활용

코로나19 사태로 전 세계가 비상 상황에 처해 있습니다. 국내에서는 긴급 상황에도 불구하고 놀라운 바이오 기술력을 선보이고 있습니다. 질병관리청은 진단 시간을 대폭 줄이는 데 성공했습니다. 이는 전 세계에서 가장 빨리 코로나19 감염 여부를 확인할 수 있는 기술로 평가받고 있습니다.

유전자로 병을 치료하고 예방한다

유전자 치료란 유전자를 이용해서 질병을 치료하거나 예방하는 것을 말해요. 환자의 세포에 새로운 질병을 치료하는 데 도움을 주는 유전자를 집어넣거나 잘못 작동하고 있는 유전자를 없애고, 돌연변이가 일어난 유전자를 정상 유전자로 바꾸는 방법이 포함됩니다. 원리상으로 보자면, 한 번의 처치로 질병의 근본적인 원인을 제거하거나 적어도 치료 효과가 오래 지속될 수 있다는 장점이 있습니다. 현재 매우 희귀한 돌연변이에 의한 유전병의 치료제는 이미 시판이 허가된 제품이 있고 개발도 활발합니다. 과거에는 유전자 치료가 일부 희귀 유전질환에만 국한되었으나 최근에는 종양, 심혈관 질환,

후천성면역결핍증(AIDS)의 치료 등에도 적용하고 있습니다.

유전자 치료는 기존의 좋은 치료법이 없을 때에 대체치료법으로도 각광받고 있어요. 우리 몸은 유전자가 정상적인 기능을 수행함으로써 유지되어 나가는데, 유전자에 이상이 생기면 몸의 균형 상태가 깨어져 질병으로 발전합니다. 유전자 치료는 바로 이러한 이상 유전자를 치료하는 첨단 치료법이에요. 유전자 이상이 있는 세포에 정상 유전자를 넣거나 새로운 기능을 제공하는 시도로 요약할 수 있습니다.

유전자 치료는 만병통치일까요? 결론부터 말하자면 아직 아니에요. 1990년 유전자 치료가 처음으로 시도된 이후 전 세계적으로 수많은 자금과 노력이 동원되어 일부 환자에서는 효과가 있었다고 보고된 바 있습니다. 국내에서도 많은 연구 기관에서 연구하고 있으며, 일부 기관에서는 임상시험을 시작하고 있습니다. 그러나 부작용 예방을 위한 안정성의 확보 등 해결해야 할 과제가 많이 있습니다.

유전병, 유전자 가위로 '싹둑'

유전자 가위는 유전체에서 원하는 부위의 DNA를 정교하게 잘라내는 기술입니다. 가장 최근 기술인 크리스퍼 유전자 가위는 인간이나 동식물의 세포에서 특정 유전자가 있는 DNA를 잘라내는 기술입니다.

비정상 유전자를 정상으로 바꿀 수는 없을까요? 초정밀 유전자 가위는 원하는 곳의 유전자를 잘라낸 후 새로운 유전자 편집이 가능합니다. 유전자 가위 기술로 비정상 유전자를 치료할 수 있지 않을까요? 비정상 유전자를 잘라내고 정상 유전자를 붙여 넣으면 치료가 가능합니다. 지퍼(DNA)가 고장 났을 때 이빨이 나간 부위(특정 유전자)만 잘라내고 새 지퍼 조각을 끼우는 원리입니다.

크리스퍼 기술을 이용하면 유전자를 잘라내고 새로 바꾸는 데 최장 수년씩 걸리던 것이 며칠로 줄어들며, 동시에 여러 군데의 유전자를 손볼 수도 있습니다. 유전자 가위는 에이즈, 혈우병 등 유전자 질환을 치료하고, 농작물 품질 개량이 편리해 유전자 변형 식물의 대안으로 주목받고 있습니다.

AI로 신약 개발

신약은 전통적으로 화합물 합성 방식에 의해 개발되었어요. 제약회사는 만들어 낼 수 있는 물질은 최대한 만들어 냅니다. 자연계에 존재하는 물질과 인위적으로 수백만 종류의 화합물을 확보합니다. 그런 다음 하나씩 특정한 질병에 약효가 있는지 테스트를 합니다. 끝없는 시행착오를 거쳐 약효가 있는 물질을 찾아내는 것이죠. 문제는 수백만 가지를 테스트하기 위해서는 엄청난 규모의 투자가 필요합니다. 일단 약효가 있는 물질을 발견했다고 하더라도 아직 신약은 아닙니다. 신약으로 시판하기 위해서는 동물들을 대상으로 한 독성 실험과 환자들을 대상으로 한 임상실험을 거쳐 사람에게 안전하다는 평가를 받아야 합니다. 이런 과정을 거쳐 하나의 신약이 탄생하기까지는 평균 14.2년의 기간과 8억 달러의 비용이 든다고 해요.

약 15년 걸리던 신약 개발 기간이 이제는 3년 이하로 줄어들 수 있을 것 같습니다. 인공지능 기술 덕분이지요. 인공지능을 활용하면 신약 개발에 드는 시간과 비용을 절감할 수 있습니다. 또 인공지능을 활용하면 임상 실패율도 줄어듭니다. 실제 일부 제약회사들은 인공지능 기업과 협업하거나 자체 인공지능 플랫폼 구축에 적극 나서고 있습니다. 인공지능으로 신약 약효에 도움이 되는 또 부작용 데이터를 분석히여 신약 개발 효율성을 높이고 있습니다.

난치병을 치료하는 줄기세포

줄기세포는 아직 분화되지 않아 다른 세포로 분화될 수 있는 세포를 말합니다. 줄기세포로 근육세포, 뉴런, 피부 등을 만들 수 있습니다.

줄기세포는 제기능을 못하는 세포나 장기를 대체할 수 있어 난치병에 줄기세포를 이용하려는 연구가 활발합니다.

줄기세포는 사람의 몸을 구성하는 220여 가지의 세포를 만들 수 있는 세포입니다. 혈액 세포, 뼈세포, 연골 세포, 근육 세포, 피부

세포 등 모양과 기능이 각기 다른 세포를 만드는 어미 세포라고 할 수 있습니다.

줄기세포는 배아에서 얻어낸 것과 성장한 체세포를 이용한 것이 있습니다. 배아에서 얻은 세포는 분화 능력이 뛰어나 원하는 조직과 장기로 키우는 데 유리합니다. 하지만 만들기도 어렵고, 만드는 데 여성의 난자가 필요해 윤리적인 문제가 있습니다. 그래서 성장한 체세포에서 줄기세포를 얻으려는 연구가 활발하게 이루어지고 있습니다.

줄기세포를 어떻게 키우느냐에 따라 여러 기능의 조직을 만들 수 있습니다. 일부 연구자들은 줄기세포를 키워서 심장, 간, 췌장 등의 장기를 만들 수 있을 거라고 합니다. 그러나 아직까지는 줄기세포를 여러 세포로 분화시키는 것이 쉽지 않아요.

현재 줄기세포 연구는 심장마비로 상한 심장 조직 치료, 파킨슨병이나 알츠하이머병 같은 뇌의 질병 치료, 혈당을 조절하는 치료에 집중되고 있습니다. 난치성 질환의 치료에 대한 줄기세포 치료의 관심도 여전히 높습니다. 실제로 줄기세포를 이용한 치료는 백혈병을 비롯한 혈액질환에서 임상적으로 이용되고 있으며 뇌졸중과 다발성 경화증(만성 신경면역계 질환)에서 치료가 시도된 바 있습니다. 이 외에도 척수 손상이나 여러 종류의 신경퇴행성 질환에 대한 연구가 국내외에서 활발하게 이루어지고 있습니다.

3D 바이오 프린팅으로 만든 인공장기

인공장기는 인공적으로 제작한 장기로, 바이오 인공장기와 전자기기 인공장기로 구분됩니다. 현재 인공 피부·연골·혈관·뼈와 같은 인공장기가 상품화되었지만, 신장과 간장 등 인공장기 개발은 대부분 연구 단계에 그치고 있습니다.

기술이 발전하면 3D 바이오 프린팅 기술 및 바이오 잉크를 이용하여 인간의 장기와 유사한 크기와 기능을 갖춘 인공장기를 제작하고, 이를 이식하는 시대가 올 것입니다.

인공 광합성

우리가 흔히 알고 있는 광합성은 햇빛을 받아 물과 이산화탄소를 포도당으로 전환하는 시스템으로, 식물이 생명을 유지하는 방법으로 알려져 있습니다.

인공 광합성은 이러한 광합성을 모방하는 화학 공정입니다. 이 또한 태양에너지를 이용하여 청정에너지인 수소나 고분자화합물 등을 만들어 낼 수 있어 '21세기 연금술'이라는 별명도 얻었습니다. 인공광합성은 자연 광합성을 모방하여 햇빛과 이산화탄소만으로 화학제품과 에너지를 생산할 수 있습니다. 인공 광합성은 빛으로 연료를 만들기 때문에 저장과 운반이 쉬워요.

현재 가장 각광 받고 있는 에너지가 태양 에너지입니다. 과학자들은 태양광 에너지의 10% 정도만 에너지로 변환해 활용할 수 있다면 인류 전체의 모든 에너지 소비를 감당할 수 있다고 합니다. 태양광 에너지를 이용하는 각종 기술 가운데 최근 들어 가장 주목받는 기술이 인공 광합성입니다. 미래에는 유한한 자원인 석탄 대신 햇빛과 이산화탄소만으로 에너지를 만드는 인공 광합성 공장이 주 에너지원이 될 것으로 전망됩니다. 인공 광합성을 이용하면 기존의 방식보다 친환경적이고 저렴하게 제품을 생산할 수 있게 되므로 인공 광합성 기술이 빠르게 확산될 것으로 보입니다.

미래 생존을 위한 스마트 팜

스마트 팜(smart farm)은 농업, 임업, 축산업 등에 정보 통신 기술(ICT)을 접목한 것입니다. 정보통신기술을 이용하여 농작물, 가축 및 수산물 등의 생육 환경을 적정하게 유지, 관리하고, PC와 스마트폰 등으로 원격 관리할 수 있어 생산의 효율성뿐만 아니라 편리성도 높일 수 있습니다. 노동력과 에너지를 효율적으로 관리함으로써 생산비를 절감할 수 있습니다.

예를 들면, 기존에는 식물에 물을 줄 때에 직접 밸브를 열고 모터를 작동해야 했다면, 스마트 팜에서는 전자밸브가 설정 값에 맞춰 자동으로 물을 줍니다. 또한, 농산물, 임산물, 축산물, 수산물의 상세한 생산 정보 이력을 관리할 수 있어 소비자 신뢰도를 높일 수 있습니다. 또, 직접적인 노동 인력 없이도 자동으로 농작물을 관리할 수 있다는 장점이 있습니다. 기존의 비닐하우스보다 10배 정도 생산성을 향상할 수 있고 난방비, 자재비 등의 비용 절감 및 안정적인 수익 창출이 가능합니다.

기후 위기 시대의 대안, 바이오 에너지

바이오매스(biomass)를 연료로 하여 얻어지는 에너지로, 바이오매스 에너지라고도 합니다. 에너지 대상이 되는 생물체를 총칭하여 바이오매스라고 합니다.

바이오 에너지의 대상이 되는 주요 자원으로는 초본식물, 수생식물, 해조류, 조류(藻類), 광합성세균 등이 있습니다. 폐기물, 도시 쓰레기 등도 연료화할 수 있습니다. 바이오매스를 에너지원으로 이용하면 에너지를 저장할 수 있고, 재생이 가능하며, 물과 온도 조건만 맞으면 지구 어느 곳에서나 얻을 수 있습니다. 또 안전하며 친환경적이고 폐기물의 양을 효율적으로 줄일 수 있습니다.

미래에는 이 직업이 뜬다!

신약 개발 연구원

새로운 의약품을 연구, 개발합니다. 생물학 및 자연과학 전반에 대한 지식이 있어야 합니다. 장시간의 실험과 분석을 견뎌낼 수 있는 인내심과 꼼꼼함, 세밀함이 요구됩니다. 생명체와 생명현상에 관심과 열정을 가지고 있어야 합니다.
신약 개발 연구원이 되려면 대학교에서 생물학, 생명과학, 화학, 생화학, 약학, 유전공학, 유기화학 등 전공이 유리합니다. 제약회사, 생명과학연구소, 신약 개발기업 등에 진출할 수 있습니다.

종 복원 전문가

멸종되었거나 멸종 위기에 놓인 생명체를 다시 살리거나 사라지지 않도록 보존합니다. 인간의 무분별한 개발과 환경 파괴로 인해 멸종 위기에 놓인 야생 동식물의 서식지를 보호하고 관리합니니다.
종 복원 전문가가 되기 위해서는 수의학, 축산학, 동물 자원학, 생물학, 유전공학 등을 전공해야 하며, 동물들의 특성에 대한 지식을 갖추어야 합니다. 활동 분야는 연구소, 정부기관 등입니다.

인공 광합성 전문가

식물의 광합성을 모방하고 응용하여 제품과 에너지를 생산할 수 있도록 합니다. 인공 광합성 전문가는 화학공학, 생명 공학 전공자가 유리하며 생물 합성 관련 연구 제조업 또는 제약업체로 진출 가능합니다.

휴먼 마이크로바이옴 전문가

휴먼 마이크로바이옴(human microbiome)이란 인체에 존재하는 미생물 유전자를 이루는 유전체 모두를 일컫는 말입니다. 피부와 점막을 비롯해서 인체의 표면은 온통 미생물로 덮여 있습니다. 이렇게 우리 몸에 살고 있는 미생물을 통틀어 휴먼 마이크로바이옴이라고 합니다. 인간 미생물체에게 우리의 몸은 집이자 식량 공급원입니다. 이들은 본능적으로 자기 삶의 터전에 외래 미생물(세균, 바이러스)이 접근하지 못하도록 합니다.

휴먼 마이크로바이옴은 인체와 공생하는 미생물에 대한 유전정보를 가지고 질병과의 관련성을 규명하는 기술입니다. 현재 비만이나 당뇨 같은 대사성 질환뿐만 아니라 면역질환 및 신경계질환 같은 질병의 치료제 개발에 활용되고 있습니다. 휴먼 마이크로바이옴 전문가가 되려면 생명공학, 화학공학을 전공하고 더불어 컴퓨터에 대한 이해도 요구됩니다. 신약 개발을 포함한 바이오 및 헬스케어 분야로 진출이 가능합니다.

암 진단 및 예측 바이오마커 전문가

암 진단 및 예측 바이오마커(biomarker) 전문가는 체액에 존재하는 DNA나 세포 등의 물질로부터 암 발생과 전이를 진단하고 예측합니다. 최근 들어서는 표적 치료 및 면역치료 분야에서 맞춤형 처방을 위한 용도로 많이 활용되고 있습니다. 의학, 생명공학, 화학공학을 전공해야 합니다. 신약 개발 제약업체, 병원에서 일할 수 있습니다.

세포 검사 기사

환자들의 세포를 채취하여 다양한 방법으로 검사하고 분석합니다. 세포검사는 암 발견과 호르몬 관련 분야에 매우 효과적인 방법으로 활용되고 있습니다.

세포 검사 기사가 되려면 화학, 생물학, 임상병리학을 전공하거나 관련 전문교육을 받아야 합니다. 우리나라에서는 아직 임상병리사와 업무 영역이 구분되지 않아 임상병리사 자격증을 취득해야 합니다. 세포 검사 기사는 주로 대학병원이나 종합병원의 임상병리실, 대학이나 전문 연구소에서 일합니다. 병원 및 의과학 관련 연구기관에 진출할 수 있습니다.

면역세포 치료 전문가

환자의 면역세포를 분리하여 암세포를 제대로 공격할 수 있도록 활성화시키고, 이를 다시 주입하여 치료 효과를 얻는 기술입니다. 면역세포 치료는 기존 항암치료법의 부작용을 줄이는 대안으로 주목받고 있습니다. 유전공학, 생명공학, 화학, 의학을 전공하여야 하고, 병원 및 의과학 관련 연구기관에 진출할 수 있습니다.

혁신 신약 개발자

인공지능 · 빅데이터를 활용한 신약 개발에는 과학기술이 총 집약되어야 하기 때문에 고급 인력의 고용 창출 효과가 특히 큽니다. 아직 우리나라의 신약 개발 환경은 척박하지만 앞으로 개발 환경이 좋아질 것이라 보입니다.

약학, 생명공학, 의과학, 화학 공학 관련 전공자가 유리하며 컴퓨터에 대한 활용능력이 따라야 합니다. 신약 개발 제약업체 및 병원에서 일할 수 있습니다.

스마트 팜 구축가

농업에 정보 통신 기술을 접목하여 작물을 재배하거나 가축을 기르는 기술을 개발하고 수집된 정보를 분석합니다. 이와 관련된 직업에는 농업기술자, 작물 재배 종사자, 농업용 기계 정비원, 과수 작물 재배원, 스마트 팜 운영자 등이 있습니다.

국가나 민간에서 만든 연구소, 대학교, 스마트 팜 관련 장치를 만드는 기업 등에서 일하거나 스마트 팜에서 실제로 농사를 지을 수도 있습니다. 정보 통신 기술이나 농업을 전공하면 스마트 팜 구축가가 되는 데 유리합니다. 사물 인터넷을 비롯하여 정보 통신 기술을 활용하고 기계를 다루는 일을 좋아하는 사람들에 어울리는 직업입니다.

7

세상의 모든 것이 들어 있다

– 빅데이터

BIG
DATA

세상의 모든 것이 들어 있다
- 빅데이터

빅데이터 시대

빅데이터란 디지털 환경에서 생성되는 데이터로 그 규모가 방대하고, 생성 주기도 짧고, 형태도 수치뿐 아니라 문자와 영상을 포함하는 대규모 데이터를 말합니다. 기존 데이터에 비해 그 크기가 매우 커서 일반적인 방법으로는 수집하거나 분석하기 어렵습니다. 인터넷, 카카오톡, 메타, 트위터 등을 통해 오가는 모든 메시지, 이미지, 그리고 영상 등을 포함합니다.

최근에는 유례가 없을 만큼 많은 양의 데이터가 생산되고 있습니다. 소셜미디어 SNS에서 사람들이 인터넷을 사용한 후 남겨 놓은 디지털 풋프린트에 이르기까지 수많은 정보가 매일 축적되고 있습니다. 이 같은 빅데이터의 팽창은 거의 사회 전 분야에 걸쳐 과거에는 불가능했던 일을 가능하게 하고 있습니다.

다양한 형태의 플랫폼을 통해 이전에 볼 수 없었던 빅데이터 시스템이 대거 등장하면서 공공 부문에서는 보건 · 복지 · 화폐 등 정책 관련 각 분야에서, 산업 부문에서는 에너지 · 금융 · 로봇 등의 신산업 분야에서 빅데이터의 비중이 더 커질 것으로 예상됩니다.

바야흐로 '빅데이터(Big Data)' 시대입니다. 그러나 빅데이터는 어마어마하게 많은 양의 데이터만을 의미하지 않아요. 디지털 환경에서 기하급수적으로 늘어나는 빅데이터는 규모가 방대하고 데이터 생성 주기도 짧고 데이터 속도는 빨라지고 있습니다. 문자와 영상, 그림, 음악까지 데이터 종류도 다양해지고 있습니다. 이를 통해 사람들의 행동은 물론 위치 정보와 SNS를 통해 생각과 의견까지 분석하고 예측할 수 있습니다.

전문가들은 '빅데이터'를 "정보화 사회의 원유(Oil)"에 비유하고 있습니다. 기름이 없으면 기계가 작동하지 않고, 기름이 없으면 부가가치가 높은 각종 제품을 만들어 내지 못하듯이 디지털시대에 빅데이터만큼 중요한 자산은 없다는 것입니다.

쇼핑의 예를 보면, 과거에는 상점에서 물건을 살 때만 데이터가 기록되었습니다. 반면에 인터넷 쇼핑몰의 경우에는 구매하지 않더라도 방문자가 돌아다닌 기록이 자동으로 데이터로 저장됩니다. 어떤 상품에 관심이 있는지, 얼마 동안 쇼핑몰에 머물렀는지를 알 수 있습니다. 쇼핑뿐 아니라 금융 거래, 교육과 학습, 여가활동, 자료 검색과 이메일 등도 데이터로 저장되고 있습니다. 블로그나 SNS에서 유통되는 정보는 내용을 통해 글을 쓴 사람의 성향뿐 아니라, 소통하는 상대방의 연결 관계까지 분석이 가능합니다.

주요 도로와 공공건물은 물론 심지어 아파트 엘리베이터 안에까지 설치된 CCTV가 촬영하고 있는 영상 정보의 양도 상상을 초월할 정도로 엄청나죠. 그야말로 일상생활의 행동 하나하나가 빠짐없이 데이터로 저장되고 있는 셈입니다. 민간 분야뿐 아니라 공공 분야도 데이터를 양산 중입니다. 센서스를 비롯한 다양한 사회 조사, 국세 자료, 의료보험, 연금 등의 분야에서도 데이터가 생산되고 있습니다.

미래 경쟁력의 우위를 좌우하는 중요한 자원

다양하고 방대한 규모의 데이터는 미래 경쟁력의 우위를 좌우하는 중요한 자원으로 활용될 수 있습니다.

빅데이터 기술을 활용해서 과거와 비교가 안 될 정도의 대규모 고객 정보를 빠른 시간 안에 분석할 수 있고 트위터와 인터넷의 기업 관련 검색어와 댓글을 분석해 자사의 제품과 서비스에 대한 고객 반응을 실시간으로 파악하고 있습니다.

기업들은 빅데이터 플랫폼을 사용하여 빅데이터를 수집, 저장, 처리 및 관리할 수 있습니다. 빅데이터 플랫폼은 빅데이터를 분석하거나 활용하는 데 필요한 필수 인프라인 셈입니다. 인공지능의 시대가 도래하면서 그 어떤 권력보다 빅데이터를 많이 가진 사람의 권력이 막강해졌습니다. 앞으로는 데이터를 가진 사람의 시대가 옵니다. 구글이 왜 공짜로 검색을 하게 해주고 이메일을 쓰게 해줄까요? 유튜브, 메타, 인스타그램, 카카오톡에서 일어나는 여러분의 검색 하나, 글 하나가 그들에게 돈이 되기 때문입니다.

데이터를 가진 사람은 자신이 수집한 데이터를 잘 가공해 100배, 1000배 이상의 가치를 실현해낼 수 있습니다. 데이터를 가진 자와 못 가진 자의 차이는 더욱 커질 수밖에 없습니다.

세상의 변화와 방향을 감지하는 빅데이터

지금은 어느 때보다 많은 데이터가 만들어지고 있습니다. 빅데이터는 눈으로는 도저히 보이지 않는 세상의 변화와 흐름을 볼 수 있게 해 줍니다. 불확실한 미래 앞에서 빅데이터는 세상의 변화와 방향을 감지해 냅니다. 빅데이터를 분석하면 객관적인 의사결정을 할 수 있습니다. 하루에도 엄청난 양의 데이터가 쏟아지고 있는데 빅데이터는 그 속에 숨어 있는 수많은 이야기와 가치 있는 정보를 제공하고 보이지 않는 것을 볼 수 있도록 도와줍니다.

하지만 이 빅데이터가 우리를 공격하고 비난하는 무서운 무기가 되기도 합니다. 빅데이터 속에는 나의 평판도 들어 있습니다. 나도 모르는 나의 비밀을 빅데이터는 알고 있습니다. 나의 생각, 태도와 행동, 강점과 약점 모든 것이 빅데이터 속에 있는 것입니다. 나의 개인 블로그에 가면 지금까지 살아온 나의 과거와 현재 스토리가 있으며 미래에 어떻게 살아갈지도 예측할 수 있습니다. 내가 보낸 메일과 카톡 안에는 나의 생각과 아이디어, 상대방에 대한 나의 감정들이 남아 있습니다.

통신회사는 마음만 먹는다면 내가 어느 날 누구와 통화했는지, 어느 장소에 갔었는지도 알 수 있습니다. 신용정보회사는 내가 신용불량자인지 신용우수자인지 알고 있으며, 내가 자주 가는 병원은 내 몸이 언제 어떻게 아팠는지 어느 질병으로 문제가 될 것인지 알 수 있습니다. 정부는 내가 우수 납세자인지, 세금 체납자인지 알고 있으며, 어디에 살고 있고 어디로 이사했는지 알고 있으며, 어느 날 어떤 지하철을 타고 어디로 갔는지도 알 수 있습니다.

기업의 마케팅 담당자는 내가 어느 날 어느 백화점에서 어떤 물건에 관심을 보였는지, 어떤 상품에 관심 있는지 알 수 있습니다. 내가 모르고 지나치거나 내가 모르는 정보를 누군가 알고, 나를 평가하고 나를 공격하거나 할 수도 있습니다. 구직 지원자의 블로그나 홈페이지를 몰래 열람하고, 친구나 연인 혹은 동료의 사적 정보를 인터넷으로 캐는 일이 점차 많아지고 있습니다. 전 세계가 네트워크로 연결되어 인터넷 세상에 조직도 개인도 그 누구도 더 이상 숨을 곳이 없어진 시대가 되었습니다.

빅데이터로 무엇을 할까?

빅데이터 활용의 선두 주자는 기업입니다. 기업에서는 빅데이터를 활용하여 특정 상품의 수요를 예측하고 그에 따라 생산을 계획합니다. 특히 검색과 전자상거래 기업은 방대한 고객 데이터를 분석해 다양한 마케팅을 하고 있습니다.

현대 사회에서 데이터는 돈이고 권력입니다. IT 업계를 이끌고 있는 구글, 아마존 등의 기업들은 서비스를 제공하면서 얻은 각종 데이터를 이용해 큰 수익을 얻고 있습니다. 이 외에도 수많은 기관과 기업들이 각종 데이터를 적극적으로 수집하고 있으며 이를 활용하여 마케팅에 활용하거나 서비스를 제공하고 있습니다.

인공지능은 빅데이터가 기반이 되어야만 만들 수 있습니다. 인공지능에게는 데이터가 밥입니다. 지능정보산업을 활성화하기 위해서는 데이터 자원이 풍부해야 하는데 인공지능에서 가장 중요한 부분은 바로 빅데이터입니다.

기업들이 트위터와 인터넷에 떠도는 자신들의 회사 관련 검색어와 댓글을 분석하는 것은 기본 업무입니다. 자사 제품과 서비스에 대한 고객 반응을 실시간 파악해 즉각 대처하는 것도 일상적인 일입니다. 온라인몰 등 쇼핑업계와 카드사들은 구매 이력 정보와 위치기반 서비스(GPS) 등을 결합해 근거리 맛집 등 소비자가 원하는 정보를 제공합니다.

2009년 전염병 신종 플루가 세계로 퍼졌을 때 구글은 이 병을 일으키는 바이러스와 관련해 가장 많이 검색하는 단어와 위치 정보를 분석하여 신종 플루의 확산을 정확하게 예측했습니다. 구글이 미국 정부보다 2주일이나 앞서 예측했습니다.

공공 부문도 위험관리시스템, 탈세 등 부정행위방지, 공공데이터 공개 정책 등 빅데이터를 활용하기 위해 다양한 노력을 하고 있습니다. 정부와 공공기관 입장에서 빅데이터는 시민이 요구하는 서비스를 제공하는 데 도움이 됩니다.

서울시 심야버스의 경우 자정 이후 가장 붐비는 택시 노선의 데이터를 분석하고 버스 애플리케이션에 활용해 호응을 얻었습니다. 경찰청은 범죄 유형에 따른 위험도를 분석해 범죄율을 줄이는 효과를 보았어요. 기상청은 정확한 예보를 위해 빅데이터를 활용하여 호우, 풍랑, 강풍, 한파 등 위험기상 예측 프로그램을 제공하고 있습니다.

빅데이터를 활용하는 가장 대표적인 것은 내비게이션입니다. 지도의 정보와 실시간 교통정보를 반영하여 최적의 경로로 안내합니다. 교통정책 수립에도 빅데이터를 이용합니다.

데이터는 의료 분야에서 질병의 조기 발견을 위해서도 활용되고 있습니다. 의료 분야에서 빅데이터 활용은 메르스나 코로나19 같은 전염병 사태를 미리 방지할 수 있는 또 다른 해법이 될 수 있습니다.

빅데이터를 활용하여 같은 병을 앓는 환자들 치료를 분석하면 부작용이 가장 적은 치료법을 찾을 수 있고, 같은 병을 앓는 사람의 유전자를 분석하면 발병 확률이 높은 질환을 알아낼 수 있습니다. 이를 통해 병을 예방할 수 있고 응급 상황일 때는 빠른 의료 서비스를 받을 수 있습니다.

미래에는 이 직업이 뜬다!

빅데이터 전문가

빅데이터를 분석하여 사용자에게 도움이 되는 정보를 제공합니다. 빅데이터 전문가는 정보통신기술(ICT) 분야의 직업인 컴퓨터 시스템 설계 분석가, 시스템 소프트웨어 개발자, 응용 소프트웨어 개발자 등의 직업과 관련성이 높습니다.

빅데이터 전문가는 오랜 시간이 걸리는 분석 과정을 견뎌내기 위한 끈기와 꾸준히 공부하는 자세가 필요합니다. 데이터 속에서 새로운 가치를 만들어야 하기 때문에 통계적인 이론과 복잡한 프로그램에 대한 이해력뿐만 아니라 다양한 관점에서 문제를 볼 줄 알아야 합니다.

빅데이터 전문가가 되기 위해서는 대학에서 통계학 또는 컴퓨터공학, 산업공학 등을 전공하면 도움이 됩니다. 빅데이터 분야는 새로운 기술들이 발전하는 분야이기 때문에 전문성 향상을 위해 최신 기술과 경향을 지속적으로 파악해야 합니다. 통계학, 컴퓨터과학, 머신러닝(기계학습) 등 기본적인 분석에 대한 이해뿐만 아니라 프로그래밍 실력도 필요합니다. 빅데이터 전문가는 대기업의 빅데이터 관리 부서나 마케팅 부서, 인터넷 포털 업체, 및 데이터 분석 전문 업체 등에서 일할 수 있습니다.

빅데이터 분석가

기업이 가진 빅데이터를 저장, 처리, 분석하는 업무를 보는 전문가입니다. 빅데이터에서 목적에 따라 유용한 정보를 추려 제품 또는 서비스를 개선하는 업무를 맡는데, 빅데이터 분석가(big data analyst), 데이터 과학자(data scientist)라고도 합니다. 사람들의 행동 패턴 또는 시장의 경제 상황 등을 예측하며 새로운 부가가치를 창출하기 위해 대량의 빅데이터를 관리하고 분석합니다.

국내 빅데이터 분석가들은 대기업 또는 검색 포털사이트 등 IT 업체, 전문 데이터 분석 업체 등에서 활동하고 있습니다. 빅데이터 분석가가 되려면 대학에서 통계학이나 컴퓨터 공학, 기계공학 등을 전공하면 도움이 됩니다.

전략 컨설턴트

데이터를 분석하여 기업의 사업 전략이나 마케팅 전략, 인사 및 조직 관리, 재무 및 회계 관리, 생산 및 품질 관리 등 전반적인 기업 경영 전략을 수립하고 컨설팅하는 일을 합니다.

경영 컨설턴트 직무 중에서 고급 수준의 영역입니다. 어떤 일을 계획하고 실행하기 위해 전문가에게 어떻게 해야 가장 효율적으로 성공할 수 있는지, 문제 발생 시 어떻게 해결해야 하는지를 구체적으로 조언합니다. 전략 컨설턴트는 각 회사와 부서의 특징에 맞는 필요한 지식을 갖추어야 합니다.

회사에서 우수한 기획 인력을 대규모로 운용하려면 비용이 많이 듭니다. 회사 인력만을 고집하면 제한된 시야를 가질 수 있습니다. 그래서 흔히 전략이나 상황 판단 전문가들이 모인 기관에 의뢰하는데, 바로 그 기관이 전략 컨설팅 기업입니다. 전략 컨설턴트의 경우 학부 전공은 상관이 없습니다.

공간 빅데이터 전문가

도로나 건물 등 기본적인 공간 정보에 위치 정보를 결합하는 일을 합니다. 내비게이션 길 찾기나 실시간 버스 정보 안내 시스템 등에 활용됩니다. 빅데이터 분석 결과를 쉽게 이해할 수 있도록 도표나 그림 등 시각적 수단을 통해 정보를 효과적으로 전달하는 일을 합니다.

8

언제 어디서나 찾아볼 수 있는 구름

- 클라우드

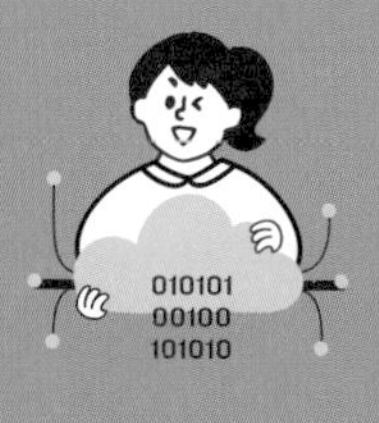
010101
00100
101010

언제 어디서나 찾아볼 수 있는 구름
- 클라우드

어디서든지 찾아볼 수 있는 구름

학생과 직장인의 필수품이던 USB 메모리를 쓰는 사람을 요즘은 찾아보기 힘들어요. 클라우드를 기반으로 한 무료저장소가 대중화되었기 때문입니다. 데이터를 인터넷과 연결된 중앙컴퓨터에 저장해서 인터넷에 접속하기만 하면 언제 어디서든지 데이터를 이용할 수 있어요.

컴퓨터 파일을 저장할 때 작업한 컴퓨터에 저장하는 것이 아니라 인터넷으로 중앙 컴퓨터에 저장할 수 있는데, 이 공간을 클라우드라고 합니다. 클라우드를 이용하면 작업한 컴퓨터에서만 자료를 불러올 수 있는 것이 아니라 언제 어디서나 필요한 자료를 불러올 수 있습니다.

이전에는 인터넷에 접속할 수 있는 방법이 PC를 사용하는 것 한 가지밖에 없었지만, 지금은 매우 다양한 기기들로 인터넷에 접속할 수 있는 시대가 되었습니다. 미국의 FBI와 같은 국가정보기관도 클라우드를 사용하고 있습니다. 국내에서도 대기업과 공공기관을 중심으로 클라우드 시스템을 업무에 활용하고 있습니다.

클라우드는 동영상, 이미지, 문서 등 파일의 형태를 가리지 않고 대용량의 파일들을 저장할 수 있어요. 다른 장치나 기기 없이 웹에 저장했기 때문에 언제 어디서나 인터넷이 가능한 곳이라면 저장한 파일을 불러올 수 있다는 것이 클라우드만의 최대 강점입니다.

최근 4차 산업혁명이 진행되면서 빅데이터와 인공지능 기술을 도입하기 위해 클라우드를 사용하는 사례도 늘어나고 있습니다. 다양한 데이터를 클라우드에 저장시켜야 데이터를 분석하고 활용할 수 있기 때문입니다.

주요 국가들은 이미 클라우드를 농업처럼 끝까지 보호해야 할 산업으로 분류하고 있으며, 클라우드 컴퓨팅은 4차 산업혁명의 핵으로 떠오르고 있습니다.

지금은 클라우드 컴퓨팅 시대

컴퓨터나 스마트폰은 단지 서버에 접근하고 내용을 볼 수 있는 단말기 역할만 합니다. 클라우드는 스마트폰, PC, 태블릿 등 단말기 종류에 관계없이 접근이 가능한 것도 큰 장점입니다. 노트북에서 하던 작업을 침대에 누워서 스마트폰으로 계속 작업할 수 있습니다. 특히 조별 과제가 있을 때에 클라우드 환경은 큰 장점이 있습니다.

하나의 파일을 같은 조의 친구들과 공유하여 실시간으로 함께 작업할 수 있습니다.

네이버나 구글에서는 엄청난 규모의 자료를 보관하는 데이터 센터가 있는데 우리가 클라우드에 저장한 파일은 그 곳에 위치한 서버에 저장됩니다. 또한 데이터를 관리하기 위한 소프트웨어도 내 컴퓨터나 스마트폰에 설치할 필요 없이 서버상에 설치하여 사용할 수 있습니다.

클라우드 서비스를 제공하는 업체는 많은 이용자들의 데이터를 보관하므로 서버의 보안에 철저하게 대비하고 있습니다. 클라우드라는 큰 서버가 공격을 당하면 정보가 유출되거나 없어질 수 있어요. 서버에 장애가 생기면 자료를 이용할 수도 없고요. 이러한 단점 때문에 클라우드는 기술 개발과 동시에 보안 시스템 개발도 함께 이루어져야 합니다.

미래에는 이 직업이 뜬다!

클라우드 시스템 엔지니어

언제 어디서나 편리하게 사용할 수 있도록 인터넷의 서버에 각종 컴퓨터 프로그램을 올려놓고 여러 이용자가 인터넷에 접속하여 데이터를 저장하고 처리할 수 있는 기술을 개발합니다.

네이버, 구글, 아마존과 같은 세계적인 클라우드 기업이나 정보 통신 시스템 통합업체, 시스템 개발 업체의 개발자, 기업의 시스템 관리자, 전산직 공무원 및 공공기관 전산직 등에서 일할 수 있습니다.

클라우드 시스템 엔지니어가 되기 위해서는 IT 관련 컴퓨터공학을 전공하여 업무에 대한 지식을 쌓는 것이 좋습니다. 클라우드 시스템 분야는 새로운 기술들이 하루가 다르게 등장하고 있기 때문에 전문성을 높이기 위해 여러 분야에 대한 폭넓은 지식이 필요합니다. 최신 기술의 흐름이나 유행을 이해하기 위해 꾸준히 노력해야 합니다.

9

개인 맞춤형 생산 시대가 열린다

– 3D 프린팅

개인 맞춤형 생산 시대가 열린다

- 3D 프린팅

개인 맞춤형 생산 시대

3D 프린팅은 프린터로 물체를 뽑아내는 기술을 말합니다. 종이에 글자를 인쇄하는 기존 프린터와 비슷한 방식이지만, 입체 모형을 만드는 기술이라고 하여 3D 프린팅이라고 부릅니다.

3D 프린팅은 설계도를 컴퓨터에 입력하면 설계도대로 플라스틱 액체 등의 원료로 물질을 프린트하듯이 찍어냅니다. 3D 프린터는 종이 위에 글자를 찍어내는 2차원의 방식이 아닌, 우리가 손에 쥘 수 있는 3차원의 물건을 찍어냅니다. 제품 형상을 디지털로 스캔 · 설계한 후에 다양한 소재를 얇은 층으로 여러 겹 쌓아 올리는 방식으로 입체 구조물을 제작하는 기술입니다. 보통 프린터는 잉크를 사용하지만, 3D 프린터는 플라스틱을 비롯한 경화성 소재를 사용합니다. 기존 프린터는 문서나 그림 파일 등 평면으로 자료를 인쇄하지만, 3D 프린터는 입체 도형을 찍어내는 방식입니다. 적게는 한두 시간에서 길게는 십여 시간이면 3D 프린터에 입력한 모형을 완성할 수 있습니다.

실제 사물을 찍어내는 3D 프린팅은 기존의 생산 방식에서 벗어나 어떤 제품이든지 만들 수 있어요. 재료를 다듬기 위한 특별한 공정이나 재료를 유통하는 데 필요한 과정도 적기 때문에 사람들은 3D 프린팅을 또 다른 산업혁명이라고 부르고 있습니다.

3D 프린터가 혁신적인 이유는 집집마다 3D 프린터로 개인 맞춤형 생산을 할 수 있기 때문입니다. 가정, 사무 공간 등에서 3D 프린팅으로 필요한 물품을 바로 만들어 쓸 수 있어요.

3D 프린터는 나노기술, 의학, 우주 · 항공 등 다른 기술 분야와의 융합을 통해 마이크로 단위의 초정밀 가공으로 인공장기, 인체 조직 등을 제작할 수 있어요, 대형 복합 3D 프린터를 활용해 비행기, 우주선 등의 첨단 제품까지도 제작할 수 있습니다. 3D 프린팅 기술은 4차 산업혁명 시대에 제조업의 혁신을 이끌 기술로 주목받고 있습니다.

21세기에 다시 나타난 연금술

고대 그리스의 연금술은 물, 공기, 불, 흙 등 4가지의 구성비만 알면 원하는 물질을 마음대로 만들 수 있다고 합니다. 이러한 연금술이 21세기에 다시 나타날 조짐을 보이고 있습니다. 3D 프린팅이라는 기술이 그것입니다. 3D 프린팅은 평면이 아니라 입체적인 형상을 프린트하는 것으로 설계도와 플라스틱 소재를 이용해 물건을 만들어 낼 수 있습니다.

3D 프린팅은 첨단과학 분야에서 빛을 발합니다. 영국 케임브리지 대학교에서는 2017년 3월에 3D 프린터로 인쇄한 골격과 줄기세포를 합성하여 배아를 만드는 데 성공했습니다. 이를 계기로 배양된 세포를 3D 프린팅의 재료로 삼아 인공장기를 만드는 연구도 활발하게 진행 중입니다.

음식 조리 3D 프린터는 이미 상용화가 되었습니다. 쿠키 반죽을 인쇄하여 쿠키를 구워 주거나 액체 상태인 초콜릿을 인쇄하여 초콜릿을 만들어 줍니다. 미국 자동차 업계는 3D 프린팅 기술의 가능성을 가장 먼저 알아보았어요. 1990년대 말부터 부분적으로 도입된 3D 프린팅 기술은 현재 유럽과 미국 대부분의 자동차 업체에서 널리 쓰이고 있습니다. 항공기 업체 보잉은 2012년에 2만 개 이상의 비행기 부품을 3D 프린터로 제작했다고 합니다. 이 부품들은 모두 실제 비행기 기체에 쓰였어요.

이렇듯 다양한 재료를 활용한 3D 프린팅 기술이 세계적으로 개발되면서 건축 분야, 자전거 · 자동차 · 항공기 등 제조 분야, 인공 뼈 · 인공관절 · 치아 보형물 등 의료 분야의 일부 제품을 3D 프린팅 제품으로 대체하고 있어요. 앞으로 그 분야가 계속 확장될 것입니다.

3D 프린팅, 음식문화도 바꾼다

밥솥이나 레인지가 아닌, 음식을 만들어 내는 새로운 가전제품을 상상해 봅시다. 여러 성분의 가루를 넣고 버튼을 누르기만 하면 각 가족 구성원에게 필요한 영양분이 함유된 맛있는 음식이 만들어집니다. 이런 일은 아직 상상 속에 머무는 것처럼 보이나, 3D 프린팅을 사용해 맞춤 음식을 만드는 것도 언젠가는 현실화할 것으로 기대됩니다.

몇 년 전에 이미 단순한 형태의 3D 음식 프린팅 기계가 출시되었습니다. 네덜란드에는 3D 음식 프린팅 전문 레스토랑이 등장했습니다.

하지만 3D 프린팅은 뚜렷한 기술적 한계를 갖고 있습니다. 완성된 입체 모형의 품질이 기존 공산품과 비교해 떨어지고, 인쇄 속도가 느리며, 완성된 모형의 강도가 그리 높지 않습니다. 또, 다양한 소재를 사용할 수 없습니다. 3D 프린터로 만든 모형은 표면이 거칠거나 조악해 그 자체를 공산품으로 활용하는 것은 불가능합니다.

이러한 단점에도 불구하고 의료 분야에서는 3D 프린터의 소재 연구가 한창입니다. 최근 의료업계에서는 인체에 직접 사용할 수 있는 의료장비를 만들기 위해 3D 프린팅 기술에 관심을 보이고 있습니다. 치과 치료를 목적으로 하는 보철물이나 인공장기, 인공 뼈, 인공 관절 등이 3D 프린터로 출력할 수 있는 대표적인 의료용 모형품입니다.

트랜스포머처럼 스스로 조립되는 4D 프린팅

만일 3D 프린팅으로 커다란 집을 출력하려면 어떻게 해야 할까요? 집과 같은 크기의 프린터가 있으면 가능할지도 모릅니다. 하지만 그렇게 큰 프린터를 만들려면 천문학적 비용이 듭니다. 그렇다면 최근 3D 프린터로 집을 지었다는 보도는 무엇일까요? 이것은 3D 프린터로 작은 조각들을 출력하여 사람이 손으로 조립한 것입니다. 이런 방식으로 조각을 조립하여 집을 짓는 일은 결코 쉽지 않습니다. 물체의 출력 속도가 느린 3D 프린터 때문에 많은 시간이 걸립니다. 출력할 수 있는 물체의 크기에 한계가 있다는 점이 바로 3D 프린팅의 단점입니다.

프린터보다 더 큰 물체를 찍어낼 방법은 없을까요? 그 해결사가 바로 4D 프린팅입니다. 4D 프린팅 기술은 물체가 스스로 조립한다는 것이 핵심입니다. 3D 프린팅보다 한 단계 진화해 입체 3D에 '시간'을 더한 것입니다. 시간이 지나면서 물체가 온도, 햇빛 등 환경 조건에 반응해 스스로 형태를 바꿀 수 있는 자가 변형이나 자가 조립이 가능하다는 뜻입니다.

4D 프린팅도 제품설계도를 3D 프린터에 입력하고 출력합니다. 그렇다면 3D 프린팅과 4D 프린팅은 무엇이 다른 걸까요? 한마디로 말하면 프린팅 재료가 달라요. 4D 프린팅은 형상기억합금 같은 스마트

재료를 활용합니다. 스마트 재료는 열이나 물처럼 특정 외부조건에서 모습이 변하는 소재입니다. 따라서 스마트 재료를 사용하여 출력된 물체는 시간, 열이나 온도, 진동, 중력, 공기 같은 환경이나 에너지원에 따라 모양이나 크기가 바뀝니다. 접히고 구부러지고 펴고 휘면서 형상을 나타내죠. 다시 말해 스스로 변형 또는 자가 조립이 가능한 재료를 3D 프린터로 찍어내는 것이 바로 4D 프린팅입니다.

자가 변형이 가능한 4D 프린팅

자동차는 비나 눈이 내리는 도로, 소금기가 많은 도로 등 다양한 조건에 따라 각기 다른 타이어나 부품을 써야 합니다. 그래야 타이어나 부품의 수명이 길어집니다. 4D 프린팅은 이를 가능케 합니다. 조건별로 자가 변형할 수 있는 코팅 기술을 개발하면 되기 때문입니다.

군사 분야에서도 활용가치가 높습니다. 위장 천막이나 위장복에 활용될 자가 변형 천이 개발된다면 물만 뿌리면 스스로 우뚝 서서 펼쳐지는 천막 막사뿐 아니라 더위와 추위 등 외부환경에 맞게 변하는 군복 등도 만들 수 있습니다. 의료 분야의 응용도 다양해집니다. 자가 변형이 가능한 생체조직부터 인체에 삽입하는 바이오 장기도 등장할 수 있습니다. 심장 · 간 · 전립선 등 인공장기에 전기 · 광학 · 화학 반응 능력을 추가하면 조직의 형태에 맞춰 조금씩 바뀌는 인공장기가 가능해집니다. 현재 '자가 조립' 기술은 더 정교해져 암 치료에까지 활용 폭을 넓히고 있습니다.

미래에는 이 직업이 뜬다!

3D 프린팅 전문가

과거에 비해 3D 프린터 제조 업체, 재료, 콘텐츠 업체가 증가하고 있으며 관련 산업의 매출이 늘어나면서 3D 프린팅 전문가의 활동 범위도 넓어지고 있습니다. 특히 의료, 패션, 제조, 교육산업 등으로 진출이 활발해질 것으로 전망하고 있습니다.

의료 분야(바이오 인공장기 제작자, 인체 측정 기술자), 판매 유통(맞춤형 개인 소품 제작자, 3D 디자인 중개업자), 문화예술(3D 디자인 예술가, 3D 패션디자이너), 공공 분야 등 다양한 분야에서 일할 수 있습니다.

3D 프린팅 전문가는 컴퓨터그래픽 프로그램 및 장비에 대한 이해가 필수적이므로 대학에서 컴퓨터공학, 재료공학, 기계공학 등을 전공하여 업무의 이해 수준을 높이는 것이 좋습니다.

3D 프린팅 모델러

3D 프린팅 모델러는 고객의 요구에 따라 3D 프린터를 활용하여 출력을 대신해 주거나 모형 제품을 제작합니다. 3D 모델(캐릭터)의 골

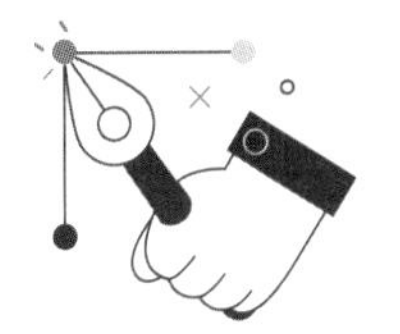

격을 만들기 위해 3차원 출력물의 형상 정보를 새로 만들거나 3D 스캐너 등을 사용하여 자동차, 항공, 의료 등의 응용 분야에 적합하도록 3차원 출력물의 형상 정보를 가공합니다.
컴퓨터 응용프로그램이나 소프트웨어에 대한 흥미가 우선적으로 필요하며, 이에 대한 전문적 지식이 뒷받침되어야 합니다.

3D 프린팅 소재 개발자

3D 프린팅 출력 제품의 특성과 강도를 분석하여 여러 재료를 조합하거나 장비에 맞는 새로운 재료를 개발합니다.

맞춤형 개인 소품 제작자

3D 프린터를 이용해 고객의 요구에 따라 제품(미니어처, 액세서리, 일상용품, 개인 편의 제품, 기계 부품 등)을 만들어 냅니다. 제품의 형상을 디자인하고 컴퓨터 프로그램을 활용하여 설계된 디자인대로 출력합니다.

3D 프린터의 소재 품질이 더욱 향상된다면 완구류, 운동기구, 액세서리, 인테리어 소품, 신발 등 대부분 분야에서 개인 맞춤형 제품을 제작할 수 있습니다.

인공장기 제작사

환자를 위한 개인 맞춤형 인공 턱뼈, 치아, 연골, 인공 혈관, 귀 등 장기를 전문적으로 제작하는 일을 합니다. 지금은 일부 병원에서 3D 바이오 프린터를 활용하고 있지만, 앞으로 상용화되면 이 업무를 전담하는 전문 직업이 생겨날 것입니다.

프린팅 저작권 인증 및 거래사

3D 프린팅 저작권 인증 및 거래사는 원작자의 창작물 권리 보호를 위한 일을 합니다. 기존의 변리사가 이 일을 담당할 수도 있습니다.

10

사물과 사물이 대화를 나눈다고?

- 사물인터넷과 만물인터넷

IoT

사물과 사물이 대화를 나눈다고?
- 사물인터넷과 만물인터넷

우리의 일상을 변화시키는 사물인터넷

사물인터넷(Internet of Things)은 단어의 뜻 그대로 '사물들(things)'이 '서로 연결된(Internet)' 것 혹은 '사물들로 구성된 인터넷'을 말합니다. 기존의 인터넷과 달리 사물인터넷은 책상, 자동차, 가방, 나무, 애완견 등 세상에 존재하는 모든 사물이 인터넷으로 연결된 것입니다.

사물인터넷은 연결되는 대상에 있어서 책상이나 자동차처럼 단순히 유형의 사물에만 국한되지 않고 교실, 카페, 버스정류장 등의 공간은 물론, 상점의 결제 프로세스 등 무형의 사물까지도 그 대상에 포함합니다. 중요한 것은 '어떻게 인터넷으로 연결할 것인가?'보다 '왜 인터넷으로 사물들을 연결하는가?'에 있습니다. 사물인터넷의 궁극적 목표는 우리 주변의 모든 사물들을 인터넷으로 연결하여 더 좋은 서비스를 제공하는 데 있습니다.

사물인터넷은 스마트 TV, 스마트 냉장고, 원격조절 보일러, 스마트 스피커 등에 활용되고 있습니다. 지금은 단순한 프로그램으로 운용되지만, 기술이 발전할수록 사물들이 사용자의 패턴을 파악하여 움직이게 됩니다.

예를 들어 침대와 실내등이 연결되어 있다면 지금까지는 침대에서 일어나서 실내등을 끄거나 켜야 했지만, 사물인터넷 시대에는 침대가 사람이 자고 있는지를 스스로 인지한 후 자동으로 실내등을 끄고 켤 수 있게 됩니다.

출근 전에 교통사고로 출근길 도로가 심하게 막힌다는 뉴스가 떴습니다. 소식을 접한 스마트폰이 알아서 알람을 평소보다 30분 더 일찍 울립니다. 스마트폰은 주인을 깨우기 위해 집안 전등을 일제히 켜고, 커피포트가 때맞춰 물을 끓입니다. 식사를 마친 주인이 집을 나서며 문을 잠그자, 집안의 모든 전자기기가 스스로 꺼지고 가스도 안전하게 차단됩니다. 마치 사물들끼리 서로 대화를 하는 것처럼 사람들을 위한 편리한 기능들을 수행하게 되는 것입니다.

사물인터넷이라는 산업이 활성화되면 컴퓨터, 기계, 기기가 사람의 터치 없이 네트워크를 이용해 원격으로 다른 기기와 정보를 주고받을 수 있게 됩니다.

삶과 미래는 잇는다

사물인터넷은 사물에 센서를 부착해 실시간으로 데이터를 인터넷으로 주고받는 기술이나 환경을 일컬어요. 인터넷에 연결된 사물은 주변에서 쉽게 볼 수 있습니다. 하지만 사물인터넷이 여는 세상은 이와 다릅니다. 지금까지는 인터넷에 연결된 기기들이 정보를 주고받으려면 인간의 조작이 개입되어야 했습니다. 사물인터넷 시대가 열리면 인터넷에 연결된 기기는 사람의 도움 없이 서로 알아서 정보를 주고받으며 대화를 나눌 수 있습니다.

현재 패스트푸드점이나 카페에 도입한 키오스크(무인단말기)가 있습니다. 이는 가장 단순한 형태로 운영되고 있는 사물인터넷의 활용 사례입니다. 사물인터넷을 제조업에 도입하면 기계들이 상호소통하여 생산력 향상, 제조 원가 절감, 에너지 사용 최소화를 가능하게 할 수 있고, 의료와 접목하면 환자의 상태를 바로 파악하여 의료서비스를 높일 수 있습니다.

교통 및 운송에 사물인터넷을 도입하면 자율 주행차의 운행이 가능하고 사람 대신 드론으로 운송할 수 있습니다. 에너지에 접목시키면 가정마다 전용 센서를 통해 전력 소비량 등을 실시간으로 파악하여 에너지 수요 공급을 원활하게 할 수 있습니다.

이렇듯 사람의 '조작'이 개입되지 않고 사물끼리 알아서 정보를 처리하는 사물인터넷 시대는 이미 우리 곁에 성큼 다가와 있습니다.

지능형 생산 공장, 스마트 팩토리

스마트 팩토리는 제품 제조와 관련된 모든 과정에 정보통신기술 ICT를 융합한 것입니다. 제품을 조립, 포장하고 기계를 점검하는 전 과정이 자동으로 이루어져 4차 산업혁명의 핵심으로 꼽힙니다. 스마트 팩토리는 모든 설비와 장치가 무선통신으로 연결되어 있기 때문에 실시간으로 전 공정을 모니터링하고 분석할 수 있어요. 스마트 팩토리는 공장과 정보통신기술이 만난 것으로 인공지능들이 공장이 돌아갈 수 있도록 합니다.

스마트 팩토리에서는 공장 곳곳에 위치한 사물인터넷 센서와 카메라가 데이터를 수집하고 분석합니다. 이렇게 분석된 데이터를 바탕으로 어디서 불량품이 발생하였는지, 이상 징후가 보이는 설비는 어떤 것인지 등을 인공지능이 파악합니다. 지금까지의 공장 자동화 기술은 각각의 공정만 자동화가 이루어져 있어 전체 공장을 관리하기에 어려웠어요. 하지만 스마트 팩토리는 ICT 기술 덕분에 모든 설비나 장치가 무선통신으로 연결되어 있어 이를 통해 최적의 생산 환경을 만들 수 있습니다.

스마트 팩토리는 관리 외적으로 비용 효율성도 높아 더 이상 값비싼 노동력에 의지하지 않아도 되고, 대량생산이 야기하는 재고의 문제에서도 자유로워졌습니다. 또한, 자동화를 통해 상품을 합리적인 가격으로 생산할 수 있게 되었습니다.

만물인터넷 시대가 온다

만물인터넷(Ioe, Internet of Everything)은 사물인터넷이 발전된 것으로 만물이 인터넷으로 연결됩니다. 모든 사람과 프로세스, 데이터, 모바일, 클라우드 등이 서로 연결된 인터넷을 말합니다. 사물과 사람, 데이터, 프로세스 등 세상에서 연결 가능한 모든 것이 인터넷에 연결되어 상호작용하는 것을 말합니다.

사물인터넷과 만물인터넷의 차이는 사물인터넷이 사용자가 설정한 범위 내에서의 자동화라고 하면, 만물인터넷은 개인의 히스토리와 상태 및 주변 상황까지 고려하여 최적의 상태를 스스로 판단한 후 제공되는 서비스라는 점입니다. 예를 들면 집안 온도 설정 시 사물인터넷 서비스는 사전 설정된 온도 또는 원격으로 설정한 온도를 사용하는 데 그치지만, 만물인터넷 서비스는 사용자의 평소 선호온도, 사용자의 하루 일과, 현재 체온, 계절 및 날씨 등을 고려하여 최적 온도를 설정합니다.

만물인터넷은 클라우드, 모바일, 빅데이터, 인공지능 기술과 함께 기술 혁신의 원동력이 될 것으로 전망됩니다.

미래에는 이 직업이 뜬다!

사물인터넷 개발자

사물에 센서와 통신 기능을 내장해 사물끼리 인터넷을 통해 실시간으로 데이터를 주고받는 기술 환경을 개발합니다. 센서와 스마트기기를 결합하여 필요한 용도로 사용할 수 있도록 Wifi, 근거리 통신망 등의 네트워크를 활용하여 기술을 개발합니다.

사물인터넷 전문가

사물인터넷 기술과 서비스를 판매하거나 구입할 수 있는 제품으로 다듬는 역할을 합니다. 사물인터넷 전문가는 정보 통신 기술(ICT) 분야의 직업들과 연관이 높습니다.

사물인터넷 기술은 다양한 분야의 기술이 융합되므로 스마트폰 애플리케이션 개발자, 빅데이터 전문가, 클라우드 컴퓨팅 개발자 등 여러 분야의 사람들과 함께 일을 하게 되는 경우가 많아요. 사물인터넷 전문가는 거의 모든 분야에서 활동할 수 있습니다. 사물인터넷 전문가는 스마트 홈, 스마트 빌딩, 스마트 시티 등 사람들의 일상을 편리하고 안전하게 만드는 일을 합니다.

또, 소프트웨어 개발 업체의 연구소, 정부에서 정보 통신 업무를 맡고 있는 기관 등에서도 일할 수 있습니다.

사물인터넷 전문가가 되기 위해서는 보통 고졸 이상의 학력이 요구되며 컴퓨터와 IT 관련 지식이 필요하므로 대학은 정보 통신공학, 컴퓨터공학, 소프트웨어공학, 정보 보호공학 등을 전공하여 일에 대한 이해 수준을 높이는 것이 좋습니다.

사물인터넷 기술은 다양한 분야에 적용될 수 있기 때문에 전문성만 갖춘다면 진출할 수 있는 분야가 상당히 넓습니다. 사물인터넷은 앞으로 키워 나가야 할 신성장 산업으로 다양한 분야에서 4차 산업혁명의 선두 역할을 할 것으로 보입니다.

사물인터넷 사업기획자

안전, 복지, 교통, 환경 등 사회 분야의 문제점을 점검하고 이를 사물인터넷 기술을 활용하여 해결책을 찾습니다. 유비쿼터스(자유롭게 네트워크에 접속할 수 있는 정보통신 환경), 헬스케어 등 다양한 목적에 맞는 서비스 및 제품을 기획합니다.

서비스 기획에 따라 사전 연구와 제품 개발, 보안 문제 등 다각도에 대한 문제점을 점검합니다.

사물인터넷 서비스 기획자

사물인터넷의 '콘텐츠'와 관련된 직업입니다. 사물인터넷 개발 단계에서 인간에 대한 이해, 환경에 대한 정보와 분석 등을 바탕으로 서비스를 기획합니다.

사물인터넷 보안전문가

일상을 지배하는 모든 기기가 인터넷으로 연결된 상황에서는 해킹 등의 위험이 더욱 큽니다. 하나가 뚫리면 도미노처럼 피해를 입을 수 있기 때문입니다. 이에 따라 보안전문가의 역할이 더욱 중요해질 것으로 보입니다.

사물인터넷 데이터 분석전문가

사물인터넷이 생성하는 데이터를 가지고 분석하는 일을 합니다. 많은 양의 데이터를 가지고 자료를 분석하고 기업이나 공공기관에서 활용할 자료를 작성하는 업무를 수행합니다. 여기저기 흩어져 있는 데이터를 모으고 분석하여 의미 있고 유용한 정보로 가공하는 일을 합니다.

스마트 의류 개발자

스마트 의류란 각종 IT 정보기능이 부가된 옷을 말합니다.

스마트 의류 개발자는 정보 통신 기술을 이용하여 옷을 입은 사람의 심박수, 체온 등을 감지할 수 있는 의류를 개발합니다. 이외에 옷에 부착된 센서가 온도 · 습도 · 자외선 등 외부환경을 측정하는 스포츠 의류, 박수나 음악 소리의 세기에 따라 색이 다양하게 변하는 공연용 의류 등 다양한 종류의 옷이 개발되고 있습니다.

스마트 의류 개발자와 관련된 직업으로는 섬유공학 기술자, 스마트 섬유연구원 등이 있습니다.

스마트 의류 개발자는 대학의 의류산업학과, 의상학과, 전기전자공학과, 섬유공학과 등으로 진학하면 유리합니다. 특성화고등학교나 마이스터고등학교에서 의상디자인, 패션 등을 전공하면 스마트 의류에 관한 기초지식과 실무를 익힐 수 있습니다. 옷을 만드는 의류회사, 패션제품을 만드는 패션회사, 섬유업체, 대학 내 연구소, 기업 내 연구소 등에서 일할 수 있습니다.

스마트 의류는 이제 시작 단계입니다. 인공지능과 빅데이터, 사물인터넷 등의 첨단기술이 비약적으로 발전하면서 스마트 의류도 앞으로 크게 성장할 것으로 예상됩니다.

11

4차 산업혁명의 핵은 이것!

– 양자 컴퓨터와 에지 컴퓨팅

QUANTUM
COMPUTER

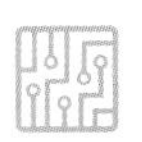

4차 산업혁명의 핵은 이것!
– 양자 컴퓨터와 에지 컴퓨팅

미래형 첨단 컴퓨터, 양자 컴퓨터

양자 컴퓨터는 이전의 컴퓨터와 달리 한 개의 처리장치로 수많은 계산을 동시에 처리할 수 있어 정보 처리량과 속도에서 월등히 앞섭니다. 양자 컴퓨터가 실용화되면 지금의 슈퍼컴퓨터가 150년에 걸쳐 계산해야 할 것을 4분 만에 끝낼 수 있게 됩니다. 양자 컴퓨터는 '큐비트'라는 단위를 써요.

양자 컴퓨터는 광자(빛)만으로 정보를 처리하는 방식입니다. 빠르고 안정적인 통신을 위해 전자보다 빠른 빛으로 정보를 처리합니다. 광속으로 정보를 처리할 수 있다면 지금과는 비교할 수 없을 만큼 빠른 정보 처리가 가능해집니다. 양자 컴퓨터 기술이 더욱 발전하면 이전보다 빠른 속도로 빅데이터를 처리할 수 있게 되어 산업 전반에 활용할 수 있습니다.

양자 컴퓨터로 빅데이터 처리의 속도가 빨라지면 인공지능이 대중화될 것으로 보입니다. 양자 컴퓨터가 상용화되면 인공지능은 양자 컴퓨터를 탑재하게 되어 본격적인 인공지능의 시대가 열리는 것입니다. 양자 컴퓨터 기술이 발전하면 차량들의 교통 흐름을 실시간으로 파악하여 자율 주행이 가능한 무인 자동차 시대가 본격적으로 열릴 것으로 예상됩니다. 기상이변 예측, 우주 현상, 질병 진단 등 지금까지 해결하지 못했던 문제를 양자 컴퓨터가 해결할 수 있습니다.

엄청나게 빠른 연산속도를 기반으로 하는 양자 컴퓨터는 많은 기업들이 기존 사업에 대해 경쟁력을 확보할 수 있게 하고, 자동차, 제약, 보안, 헬스케어, 로봇, 우주 항공 분야 등 다양한 산업 분야에서 새로운 서비스를 창출할 수 있습니다.

전 세계가 뛰어든 양자 컴퓨터 경쟁

양자 컴퓨터는 양자역학의 원리에 따라 작동하는 미래형 컴퓨터예요. 기존 컴퓨터와 전혀 다른 원리를 이용하는 양자 컴퓨터는 큐비트로 이루어져 있는데, 지금의 컴퓨터로는 불가능한 수많은 계산을 해낼 수 있어요.

미래형 첨단 컴퓨터인 양자 컴퓨터는 여러 곳에서 실험적으로 만들고 있으나 아직 완전하게 개발되지는 않았어요. 이것이 실현되면 게놈(유전자)이나 기상 등 지금의 슈퍼컴퓨터로도 풀 수 없는 아주 복잡한 영역의 연구에 활용할 수 있을 것입니다.

암호 해독은 전쟁이 발발했을 때에 나라를 지키기 위한 중요한 열쇠였습니다. 과거에는 인간이 수학 지식을 총동원해 암호를 직접 풀어냈어요. 하지만 암호 기술이 발전하면서 인간의 머리로 암호를 푸는 데는 한계가 있습니다. 때문에 컴퓨터를 암호 해독에 활용하기 위한 연구를 시작했는데, 이것이 바로 양자 컴퓨터의 출발이었습니다.

양자 컴퓨터는 순간 이동 같은 공상과학 소재를 현실에서도 가능하게 할 수 있습니다. 양자 세계에서의 순간 이동은 물질의 전송보다는 정보 전송과 관련이 있습니다. 과학자들은 광자가 연결되지 않은 경우에도 컴퓨터 칩에 있는 광자 사이에 정보가 전달될 수 있다는 사실을 확인했습니다. 양자 컴퓨터의 발전으로 영화 속 장면을 현실에서 만날 수 있는 날이 점점 다가오고 있습니다.

현재 전 세계가 양자 컴퓨터 기술 개발을 활발하게 진행하고 있어요. 미국에서는 구글, 마이크로소프트, IBM 등의 기업을 중심으로 연구가 진행되고 있습니다. 이러한 IT 기업들은 2035년 무렵이면 양자 컴퓨터가 상용화된다고 합니다.

우리나라는 해외에 비해서 양자 컴퓨터 관련 연구가 뒤처져 있지만, 최근 학계와 연구소를 중심으로 선진 연구기관들과 협력하여 연구를 진행하고 있습니다.

사물지능에 기반한 에지 컴퓨팅

수많은 데이터를 중앙 집중 서버가 아닌 분산된 소형 서버를 통해 실시간으로 처리하는 기술입니다. '에지(edge)'는 가장자리라는 뜻으로, 중앙 서버가 모든 데이터를 처리하는 클라우드 컴퓨팅(cloud computing)과 달리 에지 컴퓨팅은 네트워크 가장자리에서 먼저 데이터를 처리한다는 뜻을 담고 있어요. 다양한 단말 기기에서 발생하는 데이터를 클라우드와 같은 중앙 집중식 데이터 센터로 보내지 않고 데이터가 발생한 현장이나 근거리에서 실시간 처리합니다.

인터넷이 발달하고 사물인터넷과 5G가 생겨나면서 방대한 양의 데이터가 쏟아지기 시작했습니다. 기하급수적으로 늘어난 데이터들을 다루는 데 있어서 기존의 기술로는 한계가 있어 새로운 기술이 필요하게 되었습니다. 이런 흐름에 맞춰 탄생하게 된 것이 바로 에지 컴퓨팅입니다.

에지 컴퓨팅은 방대한 데이터를 중앙 집중 서버가 아닌 분산된 소형 서버를 통해 실시간으로 처리합니다. 이 기술은 실시간으로 대응해야 하는 자율 주행차, 스마트 팩토리, 가상현실 등 4차 산업혁명을 구현하는 데 중요한 역할을 합니다.

처리 가능한 대용량 데이터를 발생지 주변에서 효율적으로 처리함으로써 데이터 처리 시간을 큰 폭으로 단축할 수 있고 인터넷 사용량을 감소시키는 장점이 있습니다. 처리 시간을 단축하는 것은 모든 컴퓨터 작업에서 바람직하지만 증강현실과 가상현실, 생체(얼굴, 음성) 인식 등 최근에 각광을 받는 빅데이터 기술 관련 컴퓨팅에서 특히 유리합니다.

클라우드 환경에서는 방대한 양의 데이터를 한번에 처리하려고 하다 보니 데이터 부하가 자주 발생합니다. 하지만 이를 나눠서 처리하는 에지 컴퓨팅은 이런 문제가 거의 없고 클라우드 환경보다 처리하는 속도가 10배는 빠릅니다.

또, 일부 정보만 처리하기에 데이터 처리가 지연될 가능성이 적고 중요한 정보만 처리하고 나머지는 암호화해서 보낸다면 높은 보안을 유지할 수 있습니다. 클라우드 컴퓨터는 중앙에 모든 데이터가 모이기 때문에 해킹을 당하면 큰 위험에 빠지는 것과 달리, 에지 컴퓨팅은 독립적으로 나뉘어 움직이므로 훨씬 안전합니다. 근거리에서 바로바로 처리하기 때문에 정보를 빼앗길 새도 없습니다.

에지 컴퓨팅은 스마트 팩토리와 스마트 도시, 자율 주행차, 가상과 증강현실, 인공지능 등에 쓰입니다. 에지 컴퓨팅의 대표적인 사례는 자율 주행차입니다. 자율 주행차는 차량에 부착된 각 센서들로 주변 지형이나 도로 상황, 차량 흐름 현황 등을 파악해 데이터를 수집하고, 주행 중 일어날 수 있는 다양한 상황에 신속하게 대처해야 합니다. 즉, 방대한 데이터의 수집 · 처리와 실시간 대응을 위한 빠른 데이터 분석의 필요로 에지 컴퓨팅이 활용됩니다.

사실 에지 컴퓨팅은 클라우드 컴퓨팅 방식을 보다 정교하게 만든 형태라고 볼 수 있습니다. 아직은 클라우드 컴퓨팅의 장점이 많아 이것 없이 에지 컴퓨팅만으로 모든 것이 돌아가기에는 한계가 있습니다. 또한 에지 컴퓨팅은 클라우드 컴퓨팅의 문제점을 보완하기 위해 나온 것이지 이것을 대신하기 위해 개발된 것은 아니기에 아직 이를 완전히 대체하는 것은 어려울 것으로 보입니다.

미래에는 이 직업이 뜬다!

양자 컴퓨터 전문가

양자 컴퓨터를 개발하여 그동안 풀리지 않았던 물리학 문제를 해결할 수 있고 양자 컴퓨터가 가지고 있는 전자기장이나 물리적 움직임 또는 장애를 극복하는 연구를 합니다.

전문가가 되기 위해서는 전기 전자공학, 원자력공학, 통신공학 등을 전공하고 문제 해결을 위한 분석적 사고능력과 새로운 제품을 만들 수 있는 창의력이 필요합니다.

정밀부품을 다루기 때문에 꼼꼼한 성격을 가진 사람에게 적합합니다.

12

미래에는 인간이 운전을 안 해도 된다고요?

– 자율 주행차와 하이퍼루프

미래에는 인간이 운전을 안 해도 된다고요?

- 자율 주행차와 하이퍼루프

스스로 판단하고 움직이는 똑똑한 자동차

자율 주행차는 운전자가 핸들, 가속페달, 브레이크 등을 조작하지 않아도 정밀한 지도, 위성항법시스템(GPS) 등 차량의 각종 센서로 상황을 파악해 스스로 목적지까지 찾아가는 자동차를 말합니다. 엄밀한 의미에서 사람이 타지 않은 상태에서 움직이는 무인 자동차와 다르지만 실제로는 같이 사용되고 있어요.

자율 주행차가 실현되기 위해서는 수십 가지의 기술이 필요합니다. 자율 주행을 위해서는 고성능 카메라, 충돌 방지 장치 등 기술적 발전이 필요하며, 주행 상황 정보를 종합 판단하여 처리하는 기술이 필수적입니다. 자율 주행 기술은 스마트카의 핵심 기술로 꼽힙니다. 수많은 자동차 회사뿐만 아니라 구글, 애플 등의 IT 기업들이 기술 개발에 앞장서고 있습니다.

자율 주행차가 상용화되면 전체 교통사고의 95%가량을 차지하는 운전자 부주의에 의한 교통사고와 보복운전을 줄일 수 있다고 해요. 또한, 운전자가 완전히 인공지능으로 대체되면 교통 정체가 감소하고 교통경찰과 자동차 보험이 필요하지 않을 거라고 합니다.

인간이 운전하는 경우 교차로에서 대기 시간 등으로 인한 지연이 발생하지만, 자율 주행이 일반화되면 교차로에서 정차 없는 운전이 가능해집니다. 또, 공유 시스템을 통하여 자동차를 활용하는 시간이 늘어 자원을 효율적으로 사용할 수 있습니다.

완전 자율 주행이 실현되면 그때부터 자동차들은 운전의 즐거움이나 주행 성능이 아닌 탑승하는 동안의 편의성, 거주성에 초점이 맞추어질 것입니다. 예를 들어 집에서 회사까지 출근하는 데 1시간이 걸린다면 완전 자율 주행 시대에는 일단 차부터 출발시키고 식사, 업무 준비 등을 차 안에서 할 수 있게 됩니다.

일찍 운전을 배우는 미국에서는 최근 우버 같은 공유서비스가 발달하면서 10대들이 운전을 배우지 않는 비율이 늘고 있다고 합니다. 또한, 10대가 운전을 시작하면 보통 미국 부모들은 저렴한 자동차를 한 대 더 구입하는 것이 일반적이었으나, 추가로 자동차를 구매하기보다는 공유서비스를 이용하는 쪽으로 변화하고 있다는 것입니다.

이런 추세는 앞으로 가속화되어 전 세계적으로 자동차의 판매량은 지속적으로 줄어들 것이고, 자동차를 소유하기보다는 공유서비스를 이용하는 비율이 훨씬 높아질 것으로 예측하고 있습니다. 또, 자율 주행이 본격적으로 도입되기 시작하면 운전직 일자리 수요가 상당량 감소하거나 심지어 완전히 사라질 것으로 보고 있습니다.

교통 체증이 없는 세상

하이퍼루프는 테슬라 모터스의 최고경영자(CEO)인 일론 머스크가 2013년에 공개한 초고속 진공 튜브 열차를 말합니다. 열차처럼 생겼지만 실제 작동 방식은 기존 열차와 많이 달라요. 하이퍼루프는 튜브 속을 진공 상태로 만들어서 비행기가 성층권을 날아다니는 것처럼 차량을 이동시키는 원리입니다. '이동'보다는 '쏘아 보낸다'는 표현이 더 적절합니다.

하이퍼루프는 공기 마찰이 없는 진공 튜브와 시속 1,200~1,300 km로 달리는 캡슐형 열차로 구성됩니다. 열차는 튜브 안쪽을 미끄러지듯이 달립니다.

하이퍼루프는 시속 1,200 km라는 엄청난 속도를 어떤 원리로 낼 수 있는 걸까요? 하이퍼루프는 일반적인 열차와 달리, 진공 상태인 튜브 속에서 자기력으로 차량을 띄운 상태로 이동하는 열차입니다. 튜브 내부가 진공이므로 공기저항도 최소화되고 레일과 맞닿아 있지 않으니 마찰도 최소화됩니다.

하이퍼루프의 장점은 기존 열차에 비해 획기적으로 빠르다는 겁니다. 서울에서 부산까지 시속 1,200 km로 달린다면 20분 안으로 도착이 가능합니다. 기존 열차는 물론, 항공기보다도 빨라요. 또, 하이퍼루프는 버스 정도의 크기로 건설 규모가 작아요. 때문에 건설

비용을 줄일 수 있습니다. 일론 머스크의 주장에 따르면 탑승 비용은 항공료 대비 5배 이상 저렴하다고 합니다. 고속철도와 비교해도 더 싼 비용으로 하이퍼루프를 이용할 수 있다는 것도 큰 장점입니다.

꿈의 기술 같지만 최근 하이퍼루프는 빠른 속도로 현실화되고 있어요. 선두 주자인 하이퍼루프 트랜스포테이션 테크놀로지라는 기업이 퀸테로 원(Quintero One)이라는 프로토타입을 공개한 뒤 2020년 독일 뮌헨에서 중국, 프랑스, 미국, 우크라이나 대표들을 모아놓고 설명회를 개최했어요. 이 자리에 각국 규제를 맡은 기관들이 참석해 하이퍼루프 도입을 위한 법적 장치 마련에 대한 논의를 진행했다고 해요. 서울에서 부산까지 20분 정도면 도착할 수 있는 이 꿈의 기술을 이용하게 될 날이 머지않았네요.

세계 최초로 내놓은 실제 크기의 하이퍼루프 시제품인 퀸테로 원

드론, 나 혼자 난다!

드론은 2000년대 초반에 등장했어요. 2010년대를 전후하여 군사적 용도 외 다양한 민간 분야에도 활용되고 있습니다. 드론은 무인비행기로 초기에는 군사용으로 사용되었으나 최근에는 군사적 역할 외에도 다양한 민간 분야에서 활용되고 있습니다. 사람이 직접 촬영하기 어려운 장소를 촬영하거나 인터넷 쇼핑몰의 무인 택배 서비스가 대표적 활용 분야입니다.

구글과 메타는 드론을 내세워 인터넷 사업을 확장할 계획입니다. 구글은 열기구를 이용해 전 세계에 무선 인터넷을 공급하는 사업을 진행하고 있습니다. 구글은 열기구에 더해 드론으로 무선 인터넷을 보급할 예정입니다. 메타도 저개발 국가에 인터넷 기술을 보급하고 있는 프로젝트를 진행 중입니다.

드론에 관심을 가지는 기업들이 많습니다. 신문 · 방송 업계나 영화제작사가 대표적이에요. 이들은 드론을 촬영용 기기로 활용하고 있습니다. 카메라를 탑재한 드론은 지리적인 한계나 안전상의 이유로 가지 못했던 장소를 생생하게 렌즈에 담을 수 있습니다. 과거에 활용하던 항공촬영보다 비용이 더 저렴하다는 장점도 있습니다.

하지만 단점도 있어요. 많은 나라가 드론의 가장 큰 문제점으로 안전을 꼽습니다. 테러리스트가 드론에 위험물질을 넣어 배달할 수

도 있고, 드론이 고장 나서 갑자기 추락할 수도 있습니다. 해킹을 당하거나 장애물에 부딪힐 위험도 있죠. 촬영용 드론이 많아질수록 사생활 침해 위협도 늘어납니다.

미래에는 이 직업이 뜬다!

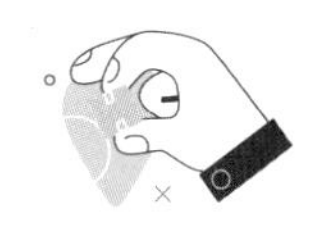

자율 주행차 전문가(자동차 센서 개발 전문가)

자율 주행차의 눈인 각종 센서를 개발합니다. 자율 주행차는 주변에 사람, 자동차 등이 있을 때 위험 상황을 빠르고 정확하게 인지해야 합니다. 그러기 위해서는 주변 환경을 감지하는 센서가 필요해요. 자율 주행차에 필요한 센서는 거리를 측정하고 주변 물체를 인식하는 전방감지 등이 있습니다. 각 센서가 인식한 정보를 적절하게 융합하는 기술이 필요합니다.

센서를 개발하고 연구하는 자율 주행차 전문가가 되기 위해서는 자동차, 컴퓨터, 전기전자, 정보통신, 로봇 등에 대한 전문지식이 있어야 하고 관련 학과에 진학하는 것이 좋습니다.

자율 주행차 엔지니어

자율 주행차는 운전자의 조작 없이 스스로 교통 상황을 파악해 목적지까지 도착할 수 있는 자동차입니다. 따라서 자율 주행차 엔지니어는 자율 주행이 가능하도록 도와주는 GPS, 레이더, 카메라 등에 대한 지식이 풍부해야 합니다. 관련 전공은 컴퓨터 공학, 자동차 공학,

기계 공학, 전자 공학 등이며, 자동차 및 정보 기술 분야 국가 기술 자격증을 획득한 이들이 많이 종사하는 직업입니다.
우리나라뿐만 아니라 전 세계가 자율 주행차 상용화를 위해 힘쓰고 있기 때문에 자율 주행차 시장이 더욱 커질 것으로 전망됩니다.

전기자동차 연구원

최근 친환경 전기자동차 보급이 늘어남에 따라 관련 연구원도 많아지고 있습니다. 전기자동차 연구원은 주로 완성차 업체나 전기자동차 기업, 전기자동차를 개발하는 국책 연구소, 대학 연구소 등에서 일합니다. 현재 전 세계적으로 전기자동차에 대한 제도적, 재정적 지원이 늘고 있기 때문에 관련 업종의 수요가 증가하는 추세입니다.
더불어 최근 전동 휠, 전동 킥보드 등 개인형 이동 수단도 인기를 얻고 있어 이와 관련한 직업도 꾸준히 등장할 것으로 전망됩니다.

드론 조종사

드론의 안정적 운행을 위해 정확한 조종기술을 습득해야 합니다. 조종기술이 부족하면 원하는 작업을 수행할 수 없고 드론의 추락으로 사람을 다치게 하거나 기물을 파손할 수 있기 때문입니다. 안전운행을 위해서 숙련된 조종기술은 필수입니다.
드론은 수동 조종뿐만 아니라 미리 설정된 경로를 따라 자동 비행도 가능하므로 프로그래밍에 대한 지식도 있어야 합니다. 또한, 드론 조종사는 항공법, 기상에 대한 이해, 안전규제에 대한 지식을 갖추어야 합니다. 이와 같이 드론 조종사는 드론 조종법을 습득하여 다양한 분야에 활용하는 직업으로 관심이 높아지고 있습니다.

드론 스포츠

현재 DSI 국제드론스포츠 챔피언십이 열리고 있으며 국제드론스포츠연합도 설립되어 있습니다. 우리나라는 드론 레이싱 세계 챔피언을 배출했으며 드론 축구를 탄생시킨 종주국입니다. 드론에 대한 관심과 기대가 점점 높아지고 있습니다.

10대를 위한
4차 산업혁명 시대
주인으로 살기

초판 2쇄 발행 2023년 4월 28일
지은이 김희용
편집 모은영, 전대범 | **디자인** 윤원섭, 김미숙
펴낸이 최익영 | **펴낸곳** 도서출판 책연 | **등록** 제2021-000025호
주소 서울시 마포구 월드컵로3길 55 203호
전화 02-2274-4540 | **팩스** 02-2268-8778
전자우편 bookyearn@naver.com
홈페이지 www.책연.com

ISBN 979-11-973154-7-3 (43500)

Hello